원소의 주기율표

색 구분				
비금속	알칼리금속	알칼리토금속	전이금속	준금속
전이후금속	할로젠	불활성기체	란타넘족	악티늄족

1 H 수소																	2 He 헬륨
3 Li 리튬	4 Be 베릴륨											5 B 붕소	6 C 탄소	7 N 질소	8 O 산소	9 F 플루오린(플루오르)	10 Ne 네온
11 Na 나트륨/소듐	12 Mg 마그네슘											13 Al 알루미늄	14 Si 규소	15 P 인	16 S 황	17 Cl 염소	18 Ar 아르곤
19 K 칼륨/포타슘	20 Ca 칼슘	21 Sc 스칸듐	22 Ti 타이타늄/티타늄	23 V 바나듐	24 Cr 크로뮴(크롬)	25 Mn 망가니즈(망간)	26 Fe 철	27 Co 코발트	28 Ni 니켈	29 Cu 구리	30 Zn 아연	31 Ga 갈륨	32 Ge 저마늄/게르마늄	33 As 비소	34 Se 셀레늄(셀렌)	35 Br 브로민(브롬)	36 Kr 크립톤
37 Rb 루비듐	38 Sr 스트론튬	39 Y 이트륨	40 Zr 지르코늄	41 Nb 나이오븀(니오브)	42 Mo 몰리브데넘	43 Tc 테크네튬	44 Ru 루테늄	45 Rh 로듐	46 Pd 팔라듐	47 Ag 은	48 Cd 카드뮴	49 In 인듐	50 Sn 주석	51 Sb 안티모니(안티몬)	52 Te 텔루륨(텔루르)	53 I 아이오딘(요오드)	54 Xe 제논/크세논
55 Cs 세슘	56 Ba 바륨	57-71 La 란타넘족	72 Hf 하프늄	73 Ta 탄탈럼(탄탈)	74 W 텅스텐	75 Re 레늄	76 Os 오스뮴	77 Ir 이리듐	78 Pt 백금	79 Au 금	80 Hg 수은	81 Tl 탈륨	82 Pb 납	83 Bi 비스무트	84 Po 폴로늄	85 At 아스타틴	86 Rn 라돈
87 Fr 프랑슘	88 Ra 라듐	89-103 Ac 악티늄족	104 Rf 러더포듐	105 Db 더브늄	106 Sg 시보귬	107 Bh 보륨	108 Hs 하슘	109 Mt 마이트너륨	110 Ds 다름슈타튬	111 Rg 뢴트게늄	112 Cn 코페르니슘	113 Nh 니호늄	114 Fl 플레로븀	115 Mc 모스코븀	116 Lv 리버모륨	117 Ts 테네신	118 Og 오가네손

란타넘족 →	57 La 란타넘(란탄)	58 Ce 세륨	59 Pr 프라세오디뮴	60 Nd 네오디뮴	61 Pm 프로메튬	62 Sm 사마륨	63 Eu 유로퓸	64 Gd 가돌리늄	65 Tb 터븀/테르븀	66 Dy 디스프로슘	67 Ho 홀뮴	68 Er 어븀/에르븀	69 Tm 툴륨	70 Yb 이터븀/이테르븀	71 Lu 루테튬
악티늄족 →	89 Ac 악티늄	90 Th 토륨	91 Pa 프로탁티늄	92 U 우라늄	93 Np 넵투늄	94 Pu 플루토늄	95 Am 아메리슘	96 Cm 퀴륨	97 Bk 버클륨	98 Cf 칼리포늄	99 Es 아인슈타이늄	100 Fm 페르뮴	101 Md 멘델레븀	102 No 노벨륨	103 Lr 로렌슘

가볍게 읽는 유기화학

POST SCIENCE/04

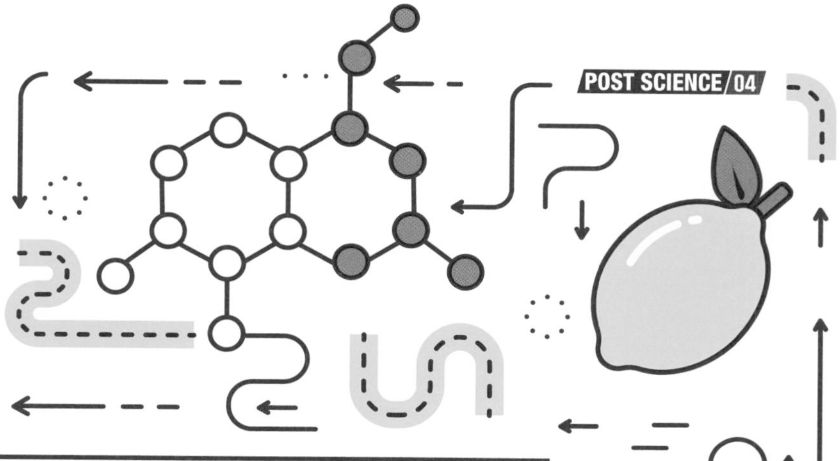

화학을 처음 접하는 이들을 위한

가볍게 읽는 유기화학

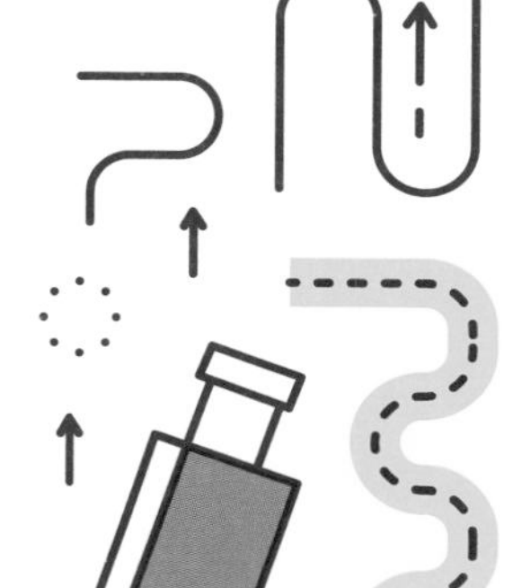

사이토 가쓰히로 지음 | 공영태·나성은 옮김

개정판

북스힐

| 들어가는 말(개정판) |

유기 화학은 외울 것이 많고 힘들다고 생각하는 분이 많은 것 같아요. '유기 화학을 잘하려면 외워라' 는 말도 자주 듣는데요. 어떤 공부든 기본적인 용어는 알아두어야 하므로 어느 정도의 단어는 암기해야겠지요. 가령 수학이라면 '1, 2, 3, 4….' 영어라면 'a, b, c, d,' 와 같은 기초를 말하는데, 그렇다고 수학이나 영어를 암기 과목이라고 말하는 사람은 없어요.

유기 화학도 마찬가지예요. 기초를 알면 그것을 응용해서 추론하고 추측하면 됩니다. 그런 의미에서 유기 화학은 단순한 이론과 감각으로 공부하는 분야예요. 유기 화학이 대단한 것은 이론적이면서 동시에 예술적인 면을 가지고 있어서예요.

유기 화학 논문을 보면 그림이 많아서 깜짝 놀랄 텐데요. 이 그림이 유기 화학의 언어라고 할 수 있어요. 화학식이 기하학 모양으로 질서정연하게 늘어선 모습을 보면 마치 추상화처럼 아름다운 것이 꽤 많답니다.

그래서 이 책에서는 유기 화학을 설명하는데 가장 적합한 만화와 그림을 많이 사용했어요. 시간이 없는 분은 가벼운 마음으로 페이지를 넘기면서 만화 그림들을 봐 주세요. 마지막 페이지에 이르면 유기 화학에 관한 일상적인 의문들이 상당히 풀릴 거예요. 시간이 있다면 흥미를 느끼는 부분을 천천히 읽어봐 주세요. 자세한 지식을 얻을 수 있을 거예요.

이 책의 제1장~제3장에서는 우리 주위에 있는 물질, 특히 '유기 화합물'이란 무엇일까? 에 대해 소개했어요. '이런 식으로 이루어져 있구나' 하고 알아가다 보면 수많은 물질이 가진 개성과 변화에 흥미를 느낄 수 있을 거예요. 제4장~제5장에서는 다양한 유기 화학 반응에 대해서 다루었어요. '어떻게 변화하지?' 하고 예상해 보거나 퍼즐을 맞추는 감각으로 읽어 봐주세요. 어려운 부분은 패스해도 괜찮아요.

후반부 제6장~8장에서는 보다 큰 관점에서 구체적인 예를 많이 소개했어요. 구조와 변화, 유기 화학으로 풀어가는 세상 이야기에 독자 여러분도 푹 빠져들

거예요. 이 책을 읽고 '다른 유기 화학 책도 읽어 볼까?' 하는 생각이 든다면 이보다 더 기쁜 일은 없겠지요.

유기 화학은 즐거운 학문이에요. 그리고 학교나 학원에서 먼지가 쌓여 있는 책이 아니라 '살아 있는' 과학이에요. 이 책에서는 유기 화학의 기초뿐만 아니라 우리 주변의 화제가 될 소재나 이전 교과서에는 실려 있지 않은 새로운 발견을 많이 실었어요. 가령 환경 문제, 최신 의료 관련의 이야기 등 이에요. 적어도 '이걸 외우지 않으면 대학에 못갈 거야!' 하며 인상쓰고 공부해야 하는 책과는 거리가 멀어요. 이과 공부를 막 시작했거나 다시 시작했거나 또 유기 화학 지식이 필요하게 된 문과 계열의 여러분께도 도움이 될 거라 믿어요.

끝으로 이 책은 2009년에 출판되었는데, 많은 독자분의 성원으로 이번에 개정판을 내게 되었어요. 전면적으로 개정하고 수정하였습니다. 당시 출판에 힘써주신 SB 크리에이티브의 이시 치카코(石周子) 씨와 이번에 편집에 애써주신 타노우에 리카코(田上理香子) 씨, 그리고 만화를 그려주신 야스다 마사카즈(保田正和) 씨에게도 감사의 마음을 전합니다.

2022년 4월

저자 사이토 가쓰히로 齋藤勝裕

| 들어가는 말 |

『가볍게 읽는 유기 화학』을 독자 여러분에게 소개합니다. 이 책은 책 제목처럼 유기 화학에 가볍고 자연스럽게 접근할 수 있도록 만화를 포함하여 만들었습니다. 만화는 참 재미있죠? 그렇습니다. 이 책 역시 재미있습니다. 적어도 고등학생 시절에 자주 들었던 말, '대학에 가려면 이 정도는 꼭 알아야 해!'라고 억지로 배웠던 그동안의 유기 화학과는 완전히 다릅니다.

만화책을 본다고 생각하고 가볍게 한 장 두 장 넘기면서 우선 오른쪽 페이지의 만화부터 읽어보세요. 이 책의 마지막 페이지까지 전부 읽으면 당신은 유기 화학에 관해서 주변 사람들에게 자랑할 만한 지식을 익힐 텐데요. 이 정도의 지식이라면 주위에서 접하는 유기 화학과 관련된 문제를 쉽게 풀 수 있을 겁니다.

시간이 있으면, 아니 내용에 흥미가 생기면, 이번에는 왼쪽 페이지를 읽어 보세요. 왼쪽 페이지는 오른쪽 페이지의 만화를 해설한 것으로 항목별로 짧고 간단하면서도 쉽게 설명되어 있어요. 만화의 내용을 더 자세하게 이해할 수 있도록 할 뿐만 아니라 교과서 이상의 지식도 쌓게 해줄 겁니다.

『가볍게 읽는 유기 화학』은 독자 여러분이 힘들어 하지 않고 재미있게 즐기면서도 유기 화학의 기초부터 최첨단의 지식까지 두루두루 살필 수 있도록 무척 공들여 만든 책이에요. 여러분도 '좋은 책을 발견했다!'고 기뻐할 것이라 확신합니다.

'유기 화학은 외워야 한다'는 말을 자주 듣습니다만 사실 그렇지 않습니다. 유기 화학은 암기할 필요가 없습니다. 물론 어떤 학문이라도 기본적인 전문 용어는 알아두어야 합니다. 하지만 그것은 수학에서의 '1, 2, 3, 4…', 영어에서의 'a, b, c, d…', 국어에서의 'ㄱ, ㄴ, ㄷ…'과 같이 아주 기초적인 것들입니다. 수학을 외우려고 하는 사람은 없겠지요?

유기 화학도 마찬가지입니다. 기초를 알면 그것을 응용해서 추론하고 추측하면 됩니다. 그런 의미에서 유기 화학은 상당히 이론적인 체계를 가지고 있으며 수학과 유사합니다. 게다가 유기 화학은 이론적이면서 동시에 예술적이기까지

합니다. 유기 화학은 '이론가'에게는 잘 맞지 않는 분야입니다. 이론가라도 어느 정도는 해낼 수 있겠지만 일류 유기 화학자를 생각하면 '예술적으로' 뛰어난 사람들이 떠오릅니다. 이 점이 유기 화학이 다른 화학, 다른 과학과 다른 부분입니다. 유기 화학자들은 마지막으로 '센스'가 필요합니다. 이론도 지식도 아니고 바로 센스인데요. 미술적, 예술적 센스, 번뜩임과 감각이 필요합니다.

유기 화학의 논문을 보시면 그림이 많아서 놀랄 수도 있지만, 그림이야말로 유기 화학의 언어라고 할 수 있습니다. 이 그림을 화학식이라고 하는데, 고등학교 화학 시간 때 배운 것처럼 원소 기호가 여러 개 나열된 그런 것들이 아닙니다. 기하학 모양이 질서정연하게 늘어선 추상화같이 아름다운 것입니다.

회화적이며 예술적인 유기 화학을 소개하는 데 만화가 가장 적합하다고 할 수 있습니다. '지금까지 왜 이런 생각을 못했을까?' 하는 생각마저 드는데요. 만화라서 수준이 낮지는 않을까 미리 걱정하지 말아 주세요. 유기 화학은 그림으로 나타내는 연구이니까요. 만화의 표현력은 어쩌면 화학식을 뛰어 넘을지도 모릅니다.

공부는 원래 즐거운 것입니다. 적어도 '싫어하는 것'은 아닐 텐데요. 하지만 공부를 좋아하는 사람은 독자 여러분을 빼면 소수겠지요? 왜 그럴까요? 어쩌면 현대의 교육 체제, 아니면 교과서, 참고서를 더 연구할 필요가 있을지도 모르겠습니다.

이 책이 이러한 현상에 대안이 되는 기폭제가 되리라고 조심스럽게 희망합니다. 독자 여러분이 유기 화학에 흥미를 느끼고, '다른 유기 화학 책을 읽어 볼까?'라고 생각한다면 이보다 더 기쁜 일은 없겠습니다.

마지막으로 이 책의 출판에 힘써 주신 사이언스 · 아이 편집부의 이시 치카코(石周子) 씨와 만화를 그려주신 야스다 마사카즈(保田正和) 씨에게도 감사의 마음을 전합니다.

2009년 10월

저자 사이토 가쓰히로 齋藤勝裕

목차

제 1 장

원자 구조와 화학 결합

유기 화학은 유기 화합물이라는 물질을 다루는 연구 분야예요. 물질은 모두 원자로 이루어져 있어요. 이 때문에 유기 화합물의 구조나 성질, 반응성을 이해하기 위해서는 먼저 원자의 성질을 이해해야 해요.

1 유기 화합물이란 무엇일까?

● 생물에서 유래했다고 알려져 있었다

우리 주변, 세상의 모든 물질은 무엇으로 이루어져 있을까요? 19세기에 이미 수소와 산소, 질소, 인, 황과 같은 원소를 2개 이상 가진 물질(화합물)이 많이 있다는 사실이 밝혀졌어요.

생물만이 만들어 낼 수 있는 물질은 유기물 또는 유기 화합물이라 하고, 생물이 관여하지 않고 만들어진 화합물은 무기 화합물이라고 했어요. 그런데 1828년에 생물에서만 유래한다고 여기던 요소를 인공적으로 합성할 수 있다는 사실을 발견해요. 이를 계기로 과학은 크게 발전하였고 인간의 손으로 만들어진 유기 화합물의 종류가 늘어나게 되었어요.

● 한정된 종류의 원자로 이루어져 있다

유기 화합물은 기본적으로 탄소C를 갖는 화합물을 말해요. 단 예외가 있는데 이산화 탄소CO_2나 사이안화 수소HCN와 같은 간단한 구조로 이루어진 것은 무기 화합물로 분류해요. 다이아몬드처럼 탄소만으로 이루어진 물질도 화합물이 아니므로 유기 화합물이라고 하지 않아요.

지구상의 자연계에는 약 90종류의 원소가 존재하며, 유기 화합물의 대부분은 탄소, 수소, 질소, 산소로 이루어져 있어요. 그 외 리튬Li, 플루오린F, 소듐Na, 인P, 황S, 염소Cl, 브로민Br 등으로 한정되어 있어요. 이처럼 몇 종류의 특정한 원자로 이루어져 있지만 엄청난 수량의 다양한 유기 화합물이 존재해요.

유기 화학에서는 **유기 화합물**에 대해 배울 거예요.
준비 되었나요?
에~ 에~
빙글 빙글
유기 화합물은 탄소나 수소 등 **몇 종류의 특정한 원자**로 연결된 분자로 이루어져 있어요. 원자의 수는 적지만
메테인 CH_4
중요한 것은 이들이 **어떻게 서로 결합하고 있는가**예요.
호로록
호로록
그래서 제1장에서는 먼저
안녕!
안녕!
원자들은 어떻게 결합이 가능한가를 배울 거예요.
우선 원자의 구조부터
……벌써
자고 있음!!

2 원자란 대체 무엇일까?

● 원자의 형태

19세기 초반부터 약 1세기 동안 많은 과학자는 물질이 '원자(atom)'라는 미립자(아주 작은 알갱이)로 이루어져 있다고 생각하게 되었어요. atom은 기원전 고대 그리스의 철학자 중 일부 학파가 물질의 최소 단위로 가정했던 '아트모스(atomos, 분할 할 수 없다는 의미)에서 유래해요.

하지만 최소 단위라고 생각했던 원자의 내부에는 훨씬 미세한 구조가 있었어요. 원자는 양전하를 갖는 원자핵과 음전하를 갖는 전자로 이루어져 있어요.

과학자들은 원자의 형태에 대해 다양하게 추측했어요. 고전적인 모델로서 원자핵을 중심으로 전자가 원 궤도를 그리며 돌고 있는 그림을 본 적 있을 거예요. 현재는 양자론의 발달로 전자가 원자핵 주변 공간에 일정한 확률로 존재한다는 사실이 밝혀졌어요. 이 확률이 크고 작음을 짙음과 옅음의 정도로 나타낸 것을 전자구름이라고 해요.

● (+)와 (−)가 균형을 이루다

수소 이외의 원자의 전자구름은 여러 개의 전자로 이루어져 있어요. 전자는 (−)로 하전되어 있고(음전하), 전자 1개의 전하량을 −1이라고 정하고 있어요.

따라서 어떤 원자의 원자핵이 +Z의 전하를 가질 때 전자구름은 −Z의 전하를 가져요. 즉 Z개의 전자가 있는 거예요. 이처럼 원자는 전체로 봤을 때 전기적으로 중성이예요.

원자를 그리는 방법은 여러 가지인데, 아무튼......
고전적 원자 모델
현대적 원자 모델
원자 전체는 전기적으로 중성이에요.
전자구름 (−)로 하전(음전하)
원자핵 (+)로 하전(양전하)
원자핵 안의 양성자(+)와,
중성자(전하량 없음)
양성자(+1)
॥ 같은 수
전자(−1)
전자구름을 만드는 전자(−)의 수는 같아요.
그리고 각 원자가 가진 양성자의 수
이것을 나타낸 것이 원자 번호예요.
1H
6C
7N
8O
그럼, 프린세스!
예를 들어 원자 번호 6인 탄소 원자의 경우
가지고 있는 전자 수는?
지직 지직
지직
초간단 6개!
원자 번호 =양성자 수=전자 수
네 맞아요. 근데 또 하나 중요한 것이 있어요.

3 원자핵을 둘러싼 전자

● 전자는 몇 개, 어디에 위치할까?

원자핵 주변에 있는 전자는 전자구름으로 표현되므로 정확하게 위치를 나타낼 수는 없어요. 하지만 원자핵에서 가까운 곳에 몇 개가 있고, 먼 곳에 몇 개가 있는지를 정리해두면 나중에 원자의 행동을 알기 쉬워요.

이 모델을 **전자껍질**이라고 해요. 원자핵에 가까운 층부터 K껍질, L껍질, M껍질, N껍질……과 같이, K로 시작되는 알파벳 순으로 부르며 각각의 원자의 가장 바깥쪽에 있는 껍질을 최외각이라고 해요. 각 껍질의 정원은 전자 2개, 전자 8개, 전자 18개, 전자 32개……처럼, $2n^2$(n은 양의 정수)로 나타내는 수예요.

● 정원제로 생각하면 이해하기 쉽다

전자는 원자핵에서 가까운 전자껍질부터 순서대로 정원을 지키면서 들어간다고 이해하면 쉬워요. 이를 그림으로 나타낸 것을 **전자 배치**라고 해요.

작은 원자의 전자 배치를 오른쪽 만화의 상단에 나타냈어요. 수소는 전자 1개만 가지므로 이 전자는 K껍질에 들어가요. 헬륨He의 전자는 2개이며 2개 모두 K껍질에 들어가요. 그 결과 K껍질의 정원은 가득 차요. 전자껍질이 가득 찬 상태를 **닫힌 껍질 구조**라고 하는데 특별한 안정성을 가지고 있어요. 반면에 수소처럼 정원이 가득 차지 않은 구조를 **열린 껍질 구조**라고 해요.

유기 화학의 주인공인 탄소는 전자를 6개 가지는데 L껍질은 4개까지만 채워지므로 열린 껍질 구조예요. 네온Ne은 이보다 4개 전자를 많이 가지며 닫힌 껍질 구조가 돼요.

우선 작은 원자의 전자 배치를 살펴 볼게요.
H
1+
수소
K껍질(전자 2개까지)
L껍질(전자 8개까지)
He
2+
헬륨
Li
3+
리튬
Be
4+
베릴륨
B
5+
붕소
C
6+
탄소
N
7+
질소
O
8+
산소
F
9+
플루오린
Ne
10+
네온
탄소가 가진 6개의 전자는 실제로 어떻게 들어 있을까요?
프린세스, 좀 도와주세요.
에~ 에
전자는 안쪽의 전자 껍질부터 순서대로 들어가요.
K껍질
정원이 다 차면 다음 바깥쪽 전자 껍질에 들어가요.
L껍질
6개의 전자 모두를 채웠네요.
이것이 탄소의 올바른 전자 배치예요.
6개의 전자만으로는 L껍질의 정원(8개)을 채울 수 없어요.
탄소
4개의 빈자리
||
화학적으로 불안정
네온
만원
||
화학적으로 안정
전자 껍질에 빈자리가 몇 개나 되는가?
이것이 원자의 화학적 안정성을 크게 좌우해요.

4 전자를 둘러싼 원자

● 보다 안정된 상태로

닫힌 껍질 구조를 갖는 원자에는 특별한 안정성이 있어요. 그렇기 때문에 열린 껍질 구조의 원자는 가장 바깥 껍질의 전자를 내어놓거나 받아들여서 닫힌 껍질 구조가 되려는 경향이 있어요.

예를 들면 리튬Li이 가장 바깥 껍질의 전자 1개를 내어놓으면 헬륨He과 같이 닫힌 껍질 구조가 돼요. 그 전자는 3개에서 2개가 되고, 전하는 −2가 돼요. 하지만 원자핵의 전하는 +3 그대로여서 전체로 보면 +1이에요. 이처럼 (+) 전하를 갖는 것을 **양이온**(cation)이라고 하며, Li^+로 표기해요.

반대로 (−)전하를 갖는 것은 **음이온**(anion)이에요. 플루오린F의 가장 바깥 껍질에는 7개의 전자가 들어 있어요. 1개만 더 있으면 8개로 가득 차서 네온과 같이 닫힌 껍질 구조가 돼요. 이 때문에 F는 1개의 전자를 받아들여 F^-가 되려고 해요.

● 얼마만큼 전자를 끌어당기는가?

'전자를 끌어당기는 힘의 정도'를 수치화한 것이 **전기 음성도**예요. 이 값이 큰 원소의 원자일수록 전자를 받아들여 (−)로 하전되기 쉬워요. 이 전기 음성도를 주기율표에 표기하여 오른쪽 만화의 하단에 나타냈어요. 주기율표의 오른쪽 위에 있는 것일수록 크며, 유기 화학에서 자주 보는 원소를 작은 순서대로 나열하면 다음과 같아요.

Na < Li < P < H < C < S < Br < N < Cl < O < F

탄소는 전자를 끌어당기는 힘이 특별히 강하지는 않아요. 이 순서를 외워 두면 나중에 도움이 될 거예요.

전자 껍질에 빈자리가 있는 원자의 대부분은 반응성이 높아요.
화학적으로 불안정
=
반응성이 높다
=
다른 원자와 전자를 주고 받는다
전자 수를 조절하여 닫힌 껍질 구조가 되려고 하기 때문이에요.
예를 들어 리튬은 양이온이 돼요.
Li
원자의 상태
① 7개의 전자를 받아들임
② 1개의 전자를 방출
Li⁷⁻
Li⁺
L껍질까지가 닫힌 껍질 구조의 음이온
K껍질만으로 닫힌 껍질 구조의 양이온
그런데 왜 리튬은 전자를 받아들이지 않고 방출할까요?
① L껍질 (정원 8)에 7개의 전자를 받아들임
이는 대단히 힘든 작업이지만
② L껍질에서 1개만 전자를 방출
이는 비교적 간단하기
때문이죠.
반대로 플루오린 등은 상당히 음이온이 되기 쉽다.
전기음성도
1개의 전자를 받아들임
F⁻
F
H 2.20
He –
Li 0.98
Be 1.57
B 2.04
C 2.55
N 3.04
O 3.44
F 3.98
Ne –
Na 0.93
Mg 1.31
Al 1.61
Si 1.90
P 2.19
S 2.58
Cl 3.16
Ar –
K 0.82
Ca 1.00
Ga 1.81
Ge 2.01
As 2.18
Se 2.55
Br 2.96
Kr 3.00
전자를 강하게 끌어 당긴다 = 전기 음성도가 크다 라는 말이에요.

5 원자와 원자는 어떻게 결합할까?

● 유기 화합물은 공유 결합

물질은 원자나 분자 등이 모여서 이루어지며 각각의 연결을 **화학 결합**, 혹은 **결합**이라고 해요.

여러 개의 원자가 결합하여 분자가 돼요. 분자끼리도 결합하는데, 원자끼리의 결합보다 약하므로 일반적으로 분자간 힘이라는 말을 사용해요. 물 분자끼리 결합시키는 수소 결합이나 전기적으로 중성인 분자끼리 결합시키는 반데르발스 힘이 잘 알려져 있어요.

그런데 원자끼리의 결합에는 **금속 결합**, **이온 결합**, **공유 결합** 등이 있어요. 유기 화합물에 포함된 원자와 원자의 결합은 거의 공유 결합이에요. 공유 결합은 금속 결합이나 이온 결합과 비교했을 때 결합력이 강해요.

● 공유 결합의 장치

원자를 구성하는 전자는 2개씩 짝을 이루어 안정화되려는 성질이 있는데 그 중에는 짝을 이루지 않는 불안정한 전자가 있어요. 이러한 전자를 **짝을 이루지 않는 전자**(홀전자)라고 해요.

하지만 짝을 이루지 않는 전자도 다른 원자의 짝을 이루지 않는 전자와 짝을 이루면 안정돼요. 수소H의 원자는 전자를 1개만 갖는데, 원자가 2개 모이면 서로 짝 안지은 전자로 짝을 이루어 수소 분자 H_2가 돼요. 이런 결합이 공유 결합이에요. 한마디로 2개의 원자가 전자의 짝을 '공유'하는 거예요. 이 결합은 전기 음성도의 차가 너무 크지 않은 원자 사이에서 일어나요.

원자의 결합은 크게 3가지
금속 결합
전자를 방출한 양이온과 방출된 전자(음전하) 사이의 정전기력 인력으로 결합되어 있다. 금속 원자사이에서 나타난다.
이온 결합
전자를 방출한 양이온과 전자를 받아들인 음이온의 정전기력 인력으로 결합되어 있다.
양이온이 된다.
음이온이 된다.
이 두 가지는 무기화학에서 자주 나와요.
그리고 유기화학 하면
공유 결합이에요!
다시 말해 열린 껍질 구조의 원자는 불안정해요.
수소
탄소
질소
산소
그래서 닫힌 껍질 구조가 되려는 거잖아요!
이것은 수소 끼리의 공유 결합 모양 이에요.
서로 2개의 전자를 공유하여 어느 쪽 수소도 닫힌 껍질 구조가 돼요.
이건 유기 화합물이 아니지만요!
이해하고 있는 것 같음

6 보다 강한 공유 결합

● 이중, 삼중 공유 결합도 있다

가장 바깥 껍질의 짝을 이루지 않는 전자는 원자 1개당 꼭 1개가 아니에요. 탄소C 원자에는 4개나 있어요. 때문에 어떤 원자와 원자가 전자쌍을 2개, 3개씩 공유하는 일도 생겨요. 이를 **이중 결합**, **삼중 결합**이라고 해요.

제1장 5에서 살펴본 H_2처럼 1개의 결합을 **단일 결합**이라고 하며 **포화 결합**이라고 부르기도 해요. 반면에 이중 결합과 삼중 결합은 **불포화 결합**이라고 해요. 이처럼 결합을 생각할 때는 가장 바깥 껍질의 전자를 점으로 나타내는 **전자점식**이 편리해요. 아래의 표처럼 원소 기호 주변에 짝을 이루지 않는 전자는 1개의 점으로, 전자쌍은 2개의 점으로 나타내요.

또한 결합에는 강약이 있어요. 강한 결합은 원자를 단단하게 결합시키므로 원자 간의 거리가 짧아져요. **결합 거리**는 보통 단일 결합 > 이중 결합 > 삼중 결합의 순이에요.

	수소	탄소	질소	산소
전자배치		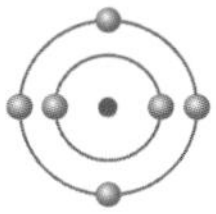	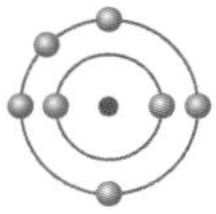	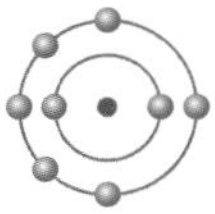
전자점식	H· 짝을 이루지 않는 전자 1개	·C· 짝을 이루지 않는 전자 4개	·N· 짝을 이루지 않는 전자 3개	:O· 짝을 이루지 않는 전자 2개
공유결합의 예	H:H 단일 결합 (수소 분자)	:O::C::O: 이중 결합이 2개 (이산화 탄소 분자)	:N⋮⋮N: 삼중 결합 (질소 분자)	O::O 이중 결합 (산소 분자)

1개 단일 결합
공유 결합의 거리는 단일 결합이 가장 길고
2개 이중 결합
이중 결합, 삼중 결합의 순으로 짧아지며
3개 삼중 결합
거리가 짧을수록 결합은 강해져요.
잘 끊어지지 않아요.
무적의 세 자루!
세 자루의 화살!
이건 좀 아니다~

7 공유 결합은 악수!?

● 공유 결합의 이미지

양자론적으로 보면 공유 결합은 결합 **전자구름**이라는 '전자구름의 겹침'에 의한 결합이에요. 결합하는 원자는 서로 1개씩 전자를 주고 받아(공유), 총 2개의 전자를 결합 전자구름으로 서로 결합하고 있는 거예요.

공유 결합을 좀 더 쉽게 설명하면 2개의 원자가 서로 손을 내밀어 악수하는 것에 비유할 수 있어요. 홀전자를 손이라고 하고 '악수'할 수 있는 홀전자를 **결합손**이라고 불러요.

● 결합손으로 생각하면

가장 간단한 분자는 수소 분자H_2예요. 2개의 수소 원자가 1개씩 결합손으로 결합해요(단일 결합). 산소 분자O_2는 2개의 산소 원자가 2개씩의 결합손으로 결합해요(이중 결합). 각각 3개의 결합손을 갖는 질소 원자 2개로 구성된 질소 분자N_2는 삼중 결합으로 이루어져 있어요.

다음은 다른 원자끼리의 결합에 대해 설명해 볼게요. 산소는 결합손이 2개, 수소는 1개이므로 이들이 결합할 때에는 1개의 산소에 2개의 수소가 결합해요. 이것이 물 분자H_2O예요.

3개의 결합손을 갖는 질소에서는 3개의 수소가 결합한 암모니아NH_3가 생겨요. 결합손이 4개인 탄소의 경우에는 4개의 수소가 결합하여 메테인CH_4이 생겨요.

메테인은 가장 기본적인 유기 화합물이에요. 메테인에 대해서는 다음 장에서 자세히 살펴볼게요.

각 원자의 홀전자 수 즉 결합손의 수는 다음과 같아요.
H C N O
수소 1개
탄소 4개
질소 3개
산소 2개
단일결합
이중결합
삼중결합
H H
O O
N N
이 손으로 서로 결합해요.
물 (H_2O)
암모니아 (NH_3)
중요한 원자는 이 4개뿐이라고 해요. 프린세스!
결합손의 수는 원자마다 정해져 있어서
원자는 반드시 수가 맞도록 결합해요.
메테인(CH_4)
원자가 어떻게 결합 손을 연결하여
분자를 이루는가?
이것을 이해하고 생활에 도움이 주는 것이 유기 화학이에요.
끄덕 끄덕

Column

분자, 화합물, 홑원소 물질, 동소체

분자와 비슷한 의미의 화학 용어가 몇 가지 있어요. 화합물, 홑원소 물질, 동소체, 혹은 유기 화합물과 유기물. 이러한 용어들은 어떤 차이가 있을까요? 여기서 잠깐 정리하고 넘어갈게요.

아래 그림을 보면 쉽게 알 수 있어요. 원자가 결합한 것은 모두 **분자**라고 불러요. 이 가운데 2종류 이상의 원소의 원자를 포함한 것을 특히 **화합물**이라고도 해요. 물(H_2O, 수소와 산소)이나 메테인(CH_4, 탄소와 수소)은 화합물이에요.

한편 한 종류의 원소의 원자만으로 이루어진 분자를 특히 **홑원소 물질**이라고 해요. 수소 분자(H_2)나 산소 분자(O_2)는 홑원소 물질로 분류돼요. 탄소의 홑원소 물질은 몇 종류가 있어요. 다이아몬드, 흑연, 풀러렌, 카본 나노 튜브 등이에요. 탄소의 예처럼 같은 원소의 원자로 이루어진 홑원소 물질을 서로 **동소체**라고 해요.

따라서 '홑원소 물질'은 특정한 '분자 그 자체'를 가리키는 용어이지만, 동소체는 홑원소끼리의 '관계'를 나타내는 용어라고 할 수 있어요. 또한 유기 화합물과 유기물은 같은 의미로 사용될 때가 많아요. 유기물은 생물 유래의 물질을 중심으로 가리키거나, 단일 분자가 아닌 여러 종류의 유기 분자의 집합체를 가리키기도 해요.

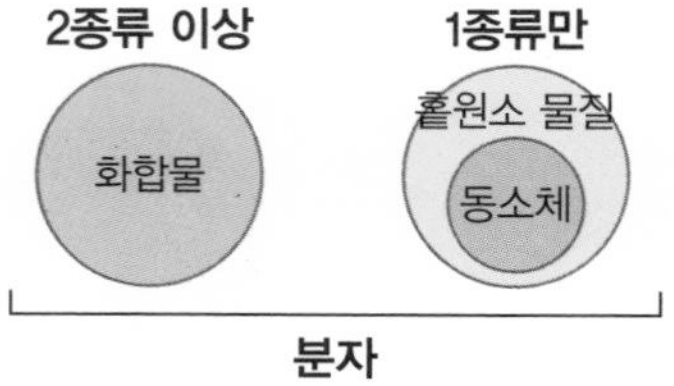

제 2 장

유기 화합물의 구조

유기 화합물은 주로 탄소와 수소로 이루어졌지만, 산소나 질소 등도 포함하는 경우가 많아요. 이들 원자는 공유 결합으로 결합해요. 유기 화합물의 성질이나 반응성을 알기 위해서 구조에 대해 자세히 살펴볼게요.

1 탄소가 있으므로 유기 화합물

● 4개의 결합손

탄소에는 4개의 결합손이 있으며 이들은 서로 일정한 각도를 가지고 원자핵에서 돌출되어 있어요. 해안에 있는 방파제 테트라포드와 같은 모양이에요.

4개의 결합손은 서로 109.5°의 각도를 유지하는데 4개의 결합손의 끝을 연결하면 정사면체가 돼요.

이러한 각도가 유기 화합물의 형태를 결정지어요.

● 무한에 가까운 유기 화합물이 있는 이유

유기 화합물을 만드는 원자의 종류는 대부분 탄소C, 수소H, 질소N, 산소O 등이며 결코 많지 않아요. 그런데도 유기 화합물의 종류는 무한하다고 할 정도로 많이 있어요. 그 이유는 몇 가지가 있지만 우선 탄소 원자끼리 한없이 길게 결합할 수 있다는 거예요. 그래서 길이가 매우 긴 사슬 같은 구조를 만들 수 있어요.

플라스틱의 일종인 폴리에틸렌 등에는 1만 개 이상의 탄소가 이어진 것이 있어요. 또 탄소가 만드는 결합에 단일 결합이나 이중 결합 등 종류가 많은 것도 유기 화합물이 많이 있는 이유 중 하나예요.

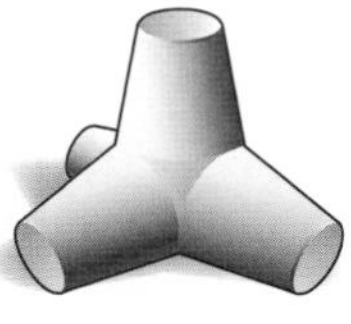

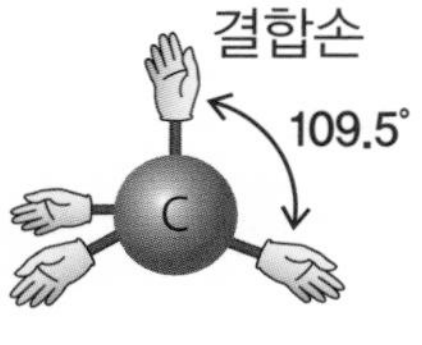

제2장에서는 유기 화합물의 기본적인 구조
이 점에 주목해서 살펴볼게요.
분자모델
데굴 데굴
열쇠는 바로 탄소예요.
4개의 결합손을 갖는 탄소는 ① 최대 4개의 원자와 동시에 결합할 수 있어요.
C
하지만 탄소가 대단한 것은 그뿐만이 아니에요.
② 탄소는 서로 얼마든지 결합할 수 있어요.
③ 이중, 삼중으로 연결될 수도 있어요.
다채로운 결합을 자랑하는 탄소라는 원자를 골격으로 한 화합물
이들을
유기 화합물
이라고 불러요.
C

2 메테인과 에테인

● 가장 작은 유기 화합물

메테인CH_4은 가장 작은 유기 화합물의 분자예요. 탄소 4개의 결합손은 돌출되어 있는데 각각 수소와 결합해요. 모두 단일 결합이에요. 따라서 메테인 분자는 테트라포드와 같은 모양이라고 말할 수 있어요. 메테인은 천연가스의 주성분으로 가정에서 도시가스로 사용돼요.

● 메테인 다음은 에테인

메테인처럼 탄소가 1개가 아니라 2개가 있고 이들이 단일 결합으로 연결되어 있다고 해볼게요. 탄소끼리 결합하는데 서로 1개씩 결합손을 사용하기 때문에 남은 결합손은 3개씩, 총 6개예요. 이들이 6개의 수소와 결합한 분자가 에테인C_2H_6이에요.

아래에 메테인과 에테인을 그림으로 나타냈어요. 왼쪽은 구조식으로 원자의 결합 순서를 잘 나타낸 것이에요. 오른쪽 2개의 그림은 세트로 입체적으로 볼 수 있도록 평행법으로 그린 3D예요. 멀리 볼 때의 시선으로 그림을 봐주세요.

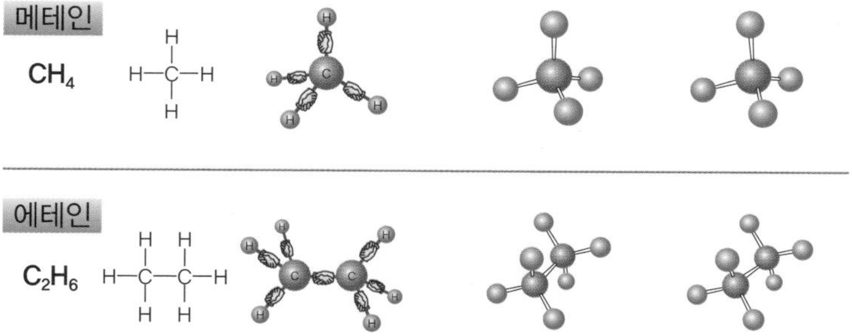

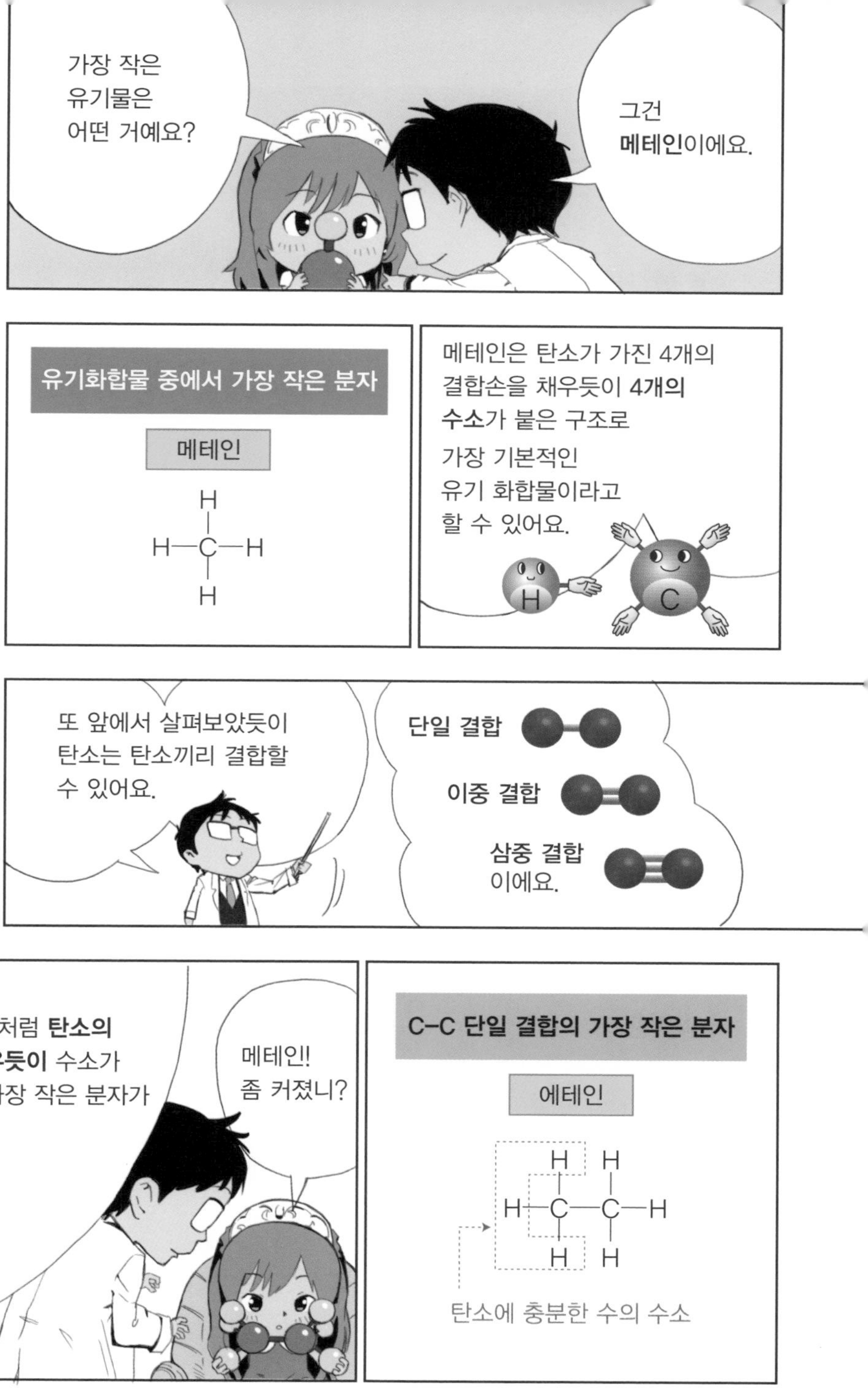

가장 작은 유기물은 어떤 거예요?
그건 **메테인**이에요.
유기화합물 중에서 가장 작은 분자
메테인
H
H—C—H
H
메테인은 탄소가 가진 4개의 결합손을 채우듯이 **4개의 수소**가 붙은 구조로 가장 기본적인 유기 화합물이라고 할 수 있어요.
H
C
또 앞에서 살펴보았듯이 탄소는 탄소끼리 결합할 수 있어요.
단일 결합
이중 결합
삼중 결합 이에요.
그곳에 메테인처럼 **탄소의 남은 손을 채우듯이** 수소가 붙으면 각각 가장 작은 분자가 되는 거예요.
메테인!! 좀 커졌니?
C–C 단일 결합의 가장 작은 분자
에테인
H H
H—C—C—H
H H
탄소에 충분한 수의 수소

3 에틸렌과 아세틸렌

● 에틸렌은 평면 구조

여기서는 탄소끼리의 이중 결합(C=C)을 포함한 분자에 대해서 살펴볼게요. 이 중에서 가장 작은 것은 에틸렌C_2H_4이에요. 2개의 탄소는 각각 4개의 결합손 중에서 2개씩을 사용하여 이중 결합으로 결합해요. 또한 이들 탄소는 남은 2개씩의 결합손으로 총 4개의 수소와 결합해요. 그 결과 에틸렌은 6개의 원자 모두가 동일 편명상에 나열된 평면형의 분자가 돼요. 각 원자 사이의 각도는 거의 120°예요.

● 아세틸렌은 직선 구조

아세틸렌C_2H_2은 탄소끼리의 삼중 결합(C≡C)을 포함해요. 2개의 탄소 원자는 각각 3개씩의 결합손으로 삼중으로 결합해요. 그리고 남은 1개씩의 결합손으로 수소와 결합해요.

따라서 아세틸렌은 H-C≡C-H가 직선으로 나열한 분자예요. 4개 원자가 직선으로 나열되어 있어서 작은 고리 형태 화합물(사슬 형태가 아니라 동그라미 같은 화합물)에 끼워 넣으면 뒤틀림이 커져서 분자가 불안정하게 되어 버려요.

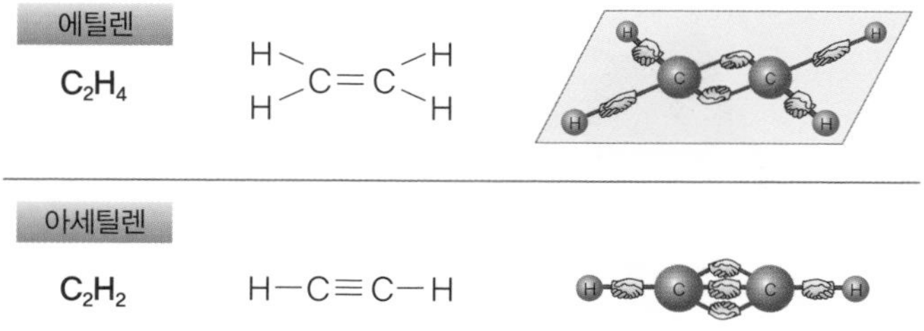

C=C 이중 결합의 가장 작은 분자
에틸렌
탄소에 충분한 수의 수소
C≡C 삼중 결합의 가장 작은 분자
아세틸렌
H−C≡C−H
탄소에 충분한 수의 수소
2장 2에서 설명한 단일 결합과 같이 이중 결합, 삼중 결합으로 연결된 탄소에 충분한 수의 수소가 붙은 것이 각각의 가장 작은 분자가 돼요.
탄소야!
탄소와 탄소가 연결되고
나머지는 전부 수소……
우헤 헤헤헤
?

4 분자의 모양을 나타내는 방법

● 다양한 구조식

메테인과 에테인, 에틸렌과 아세틸렌, 이렇게 4종류의 분자를 소개해 보았어요. 원자가 어떻게 결합하고 있는지는 구조식으로도 나타내요. 구조식에는 몇 가지 표현 방식이 있어요. 한번 확인하고 넘어갈게요.

● 입체적인 구조식

메테인이나 에테인은 평면형인 에틸렌이나 직선형의 아세틸렌보다 입체적 구조를 갖는 화합물이에요. 2차원상에서 표현하기 위해 고안되었어요.

결합을 나타내기 위해서 세 가지 종류의 선을 이용해요. 실선과 쐐기선, 파선이에요. 실선의 결합은 지면에 있다고 생각해 주세요. 쐐기선은 지면으로부터 앞쪽으로 튀어나와 있어요. 그리고 파선은 지면 뒤쪽으로 멀어져 가요.

이 파선-쐐기선 표기는 알기 쉬운 장점이 있지만, 복잡한 분자의 구조를 나타내기는 어려워요.

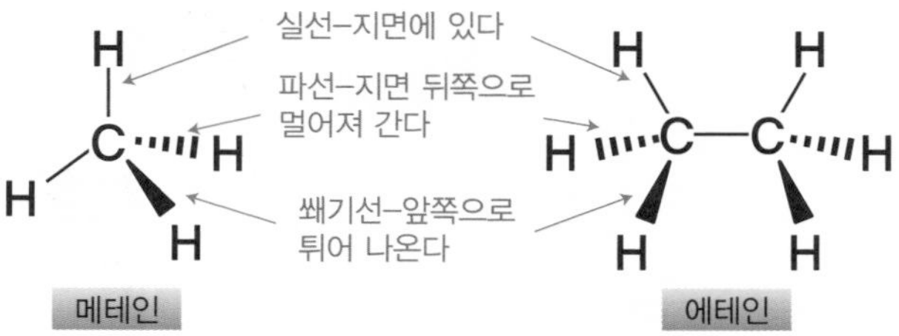

그러면 프린세스! 분자 구조를 표기하는 방법에 대해서 설명할게요.
에~에
예를 들면 메테인은 탄소를 중심으로 테트라포드형으로 결합한 구조예요.
CH_4
하지만 이것을 분자식으로는 나타낼 수 없어요.
메테인의 구조를 가장 잘 표기한 것이 왼쪽(36쪽)의 그림이에요.
에? 왼쪽 페이지?
이런 방법도 있구나.
그리고 가장 간략하게 나타낸 구조식에는 주요 원소인 탄소와 수소를 표기할 필요가 없어요.
간략화
$H_3C - CH_2 - CH_3$
더 간략화
여기에는 탄소가 있고 그 탄소에는 충분한 수의 수소가 붙어 있다고 정한다.
구조식의 간략화에는 몇 가지 단계가 있는데 다음에 정리해서 설명할게요.
독자 여러분과는 제2장 6에서 다시 만날게요.
에? 독자 여러분?
어?
언제부터 계셨는지요?

5 구조식 간략화

● 자세한 구조식

모든 분자를 입체적으로 나타내는 것은 무리예요. 그래서 좀 더 간단한 표현법이 사용되요. 중요한 것은 오른쪽 표에 정리했어요. 표에서 가장 자세히 나타낸 것이 컬럼 1의 구조식이에요. 탄소와 수소가 결합을 나타내는 직선과 함께 표시되어 있어요. 이중 결합은 이중선으로 삼중 결합은 삼중선으로 나타내요.

● 축약 구조식

컬럼1의 구조식을 사용하면 원자끼리의 결합을 잘 알 수 있어요. 하지만 복잡한 구조의 분자일 경우 원소 기호가 겹쳐서 표기하는 것도 보는 것도 꽤 어려워요. '좀 더 쉽게 나타낼 수 없을까?' 하는 고민에서 나온 것이 컬럼 2의 구조식이에요. 가령 원자단 H−C−H를 CH_2(또는 H_2C)로 나타내요.

● 골격 구조식

컬럼 3은 가장 간략화한 구조식이에요. 유기 화학에서 상당히 많이 이용되요. 이 골격 구조식에는 원소 기호가 없어요. 대신 다음과 같은 약속이 있어요.

① 직선의 처음과 끝, 그리고 꺽인 부분에는 C가 존재한다.
② 각 C에는 충분한 수의 H가 결합되어 있다.

이러한 약속에 의해 컬럼 3의 구조식과 컬럼 1의 구조식은 똑같은 의미가 돼요. 즉 컬럼 3의 선 구조는 분자의 구조를 정확하게 표현하고 있어요.

구조	분자식	구조식		
		컬럼 1	컬럼 2	컬럼 3
알케인	CH_4	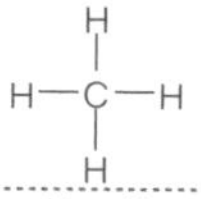	CH_4	
	C_2H_6	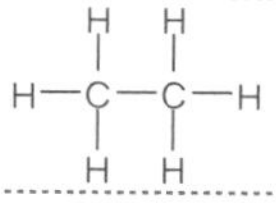	H_3C-CH_3	
	C_3H_8	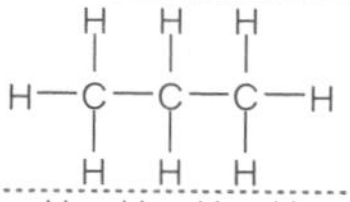	$H_3C-CH_2-CH_3$	
	C_4H_{10}	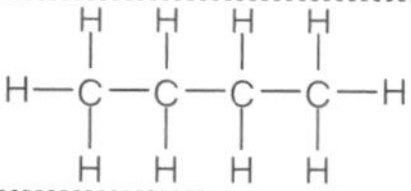	$H_3C-CH_2-CH_2-CH_3$	
		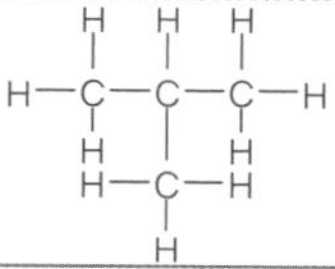	$H_3C-CH(CH_3)-CH_3$	
사이클로 알케인	C_3H_6	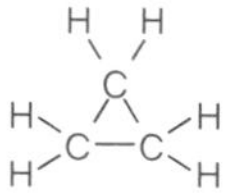	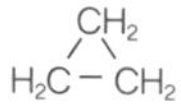	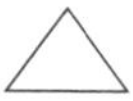
알켄	C_2H_4	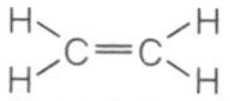	$H_2C=CH_2$	
	C_3H_6	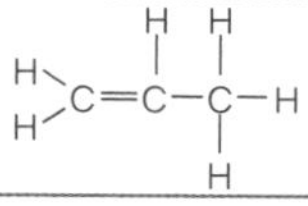	$H_2C=CH-CH_3$	
알카인	C_2H_2		$HC\equiv CH$	
콘쥬게이션 화합물	C_4H_6	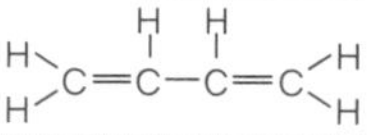	$H_2C=CH-CH=CH_2$	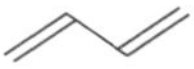
	C_6H_6	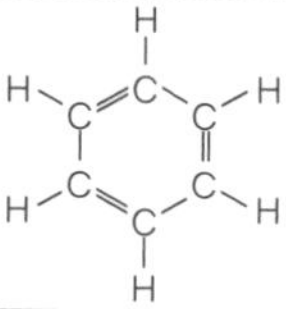	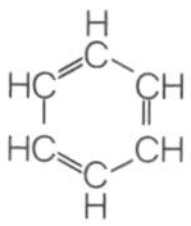	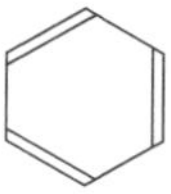

6 다양한 탄화수소

● 사슬형의 구조일 때

제2장 5의 표에서 보았듯이 탄소와 수소만으로 이루어진 화합물을 탄화수소라고 해요. 탄화수소는 유기 화합물의 골격이 돼요. 탄화수소 중에서 탄소가 고리를 이루지 않고 사슬형 구조를 이루는 것을 사슬형 탄화수소라고 해요.

그중에서 단일 결합으로만 이루어진 탄화수소를 알케인이라고 해요. 단일 결합은 포화 결합이라고도 하기 때문에 사슬형 포화 탄화수소라고도 불러요.

한편 이중 결합, 삼중 결합을 포함한 화합물을 사슬형 불포화 탄화수소라고 해요. 그중에서 이중 결합을 1개만 포함한 것을 알켄, 삼중 결합을 1개만 포함한 것을 알카인이라고 해요.

● 고리형의 구조일 때

탄소가 고리 형태로 결합한 탄화수소를 고리형 탄화수소라고 해요. 알케인, 알켄, 알카인이 고리형이 된 것을 각각 사이클로 알케인, 사이클로 알켄, 사이클로 알카인이라고 해요. '사이클로'란 고리 모양을 나타내는 접두어에요.

종류	분자식	예
알케인	C_nH_{2n+2}	CH_4　H_3C-CH_3　$H_3C-(CH_2)_n-CH_3$
알켄	C_nH_{2n}	$H_2C=CH_2$　$H_2C=CH-CH_3$
알카인	C_nH_{2n-2}	$HC\equiv CH$　$H_3C-C\equiv CH$

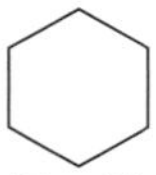

사이클로 헥세인
(사이클로 알케인)

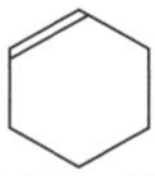

사이클로 헥센
(사이클로 알켄)

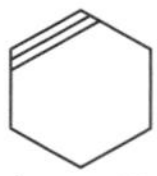

사이클로 헥사인 (*매우 불안정)
(사이클로 알카인)

기본적인 탄화수소는
결합 방법에 따라서
알케인, 알켄, 알카인
세 가지로 분류되요.

탄화수소란

탄소와 수소로 이루어진 화합물

제1장 6, 7에서
세 종류의
공유 결합으로
정리했어요.

	포화 탄화수소	불포화 탄화수소	
	단일 결합만 있음	이중 결합 있음	삼중 결합 있음
사슬형	**알케인** → 메테인 에테인 프로페인 등	이중 결합이 1개이면 **알켄** → 에틸렌 등	삼중 결합이 1개이면 **알카인** → 아세틸렌 등
고리형	**사이클로 알케인** → 사이클로 프로페인 등	이중 결합이 1개면 **사이클로 알켄** → 사이클로 프로펜 등	삼중 결합이 1개면 **사이클로 알카인** → 사이클로 옥타인 등

즉 단일 결합만 가진
메테인은 가장 작은
알케인이며, 이중
결합을 가진 에틸렌은
가장 작은 알켄이에요.

참고로
화합물에
이름을 붙이는
규칙을 알고
있으면 편리할
때가 아주
많아요.

탄소 수를 나타냄 수사(라틴어)	
1	모노
2	다이
3	트라이
4	테트라
5	펜타
6	헥사
7	헵타
8	옥타
9	노나
10	데카
많다	폴리

알케인이면 어미가 '~에인' → 예) 펜테인 C_5H_{12} 탄소를 5개 가진 알케인

알켄이면 어미가 '~엔' → 예) 헥센 C_6H_{12} 탄소를 6개 가진 알켄

알카인이면 어미가 '~ㄴ' → 예) 펜타인 C_5H_8 탄소를 5개 가진 알카인 / 예) 노나인 C_9H_{16} 탄소를 9개 가진 알카인

※메테인이나 프로판과 같이 관용적으로 사용되는 화합물도
많이 있으며 이들은 규칙에 적용되지 않는다.

7 또 다른 탄화수소

● 콘쥬게이션 화합물

제2장 5의 표에는 또 다른 탄화수소가 있었어요. 바로 콘쥬게이션 화합물이에요. 단일 결합과 이중 결합이 교대로 나열한 결합, 즉 콘쥬게이션 이중 결합을 갖는 화합물이에요.

콘쥬게이션 이중 결합에서 이중 결합은 단일 결합의 성질을 띠며, 반대로 단일 결합은 이중 결합의 성질을 띠고 있어요. 즉 단일 결합과 이중 결합의 구별이 분명하지 않게 되는 거예요. 때문에 콘쥬게이션 화합물은 특수한 성질과 반응성을 갖게 돼요.

● 벤젠과 방향족 화합물

콘쥬게이션 화합물의 예로 들 수 있는 것이 방향족 화합물이에요. 고리형의 콘쥬게이션 화합물로서 고리 안에 1, 3, 5개 등 (2n+1)개(n은 0과 양의 정수)의 이중 결합을 기본적으로는 가지고 있어요. 벤젠(3개) 및 나프탈렌(5개)은 전형적인 방향족 화합물이에요. 방향족 화합물은 일반적으로 안정적이고 반응성도 낮지만 많은 유기 화합물에 부분 구조로 포함되어 있어요. 다음과 같은 정육각형의 골격 구조식이 자주 사용되며 벤젠 고리라고 불려요.

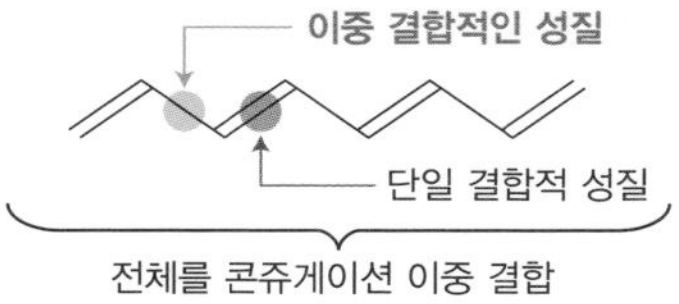

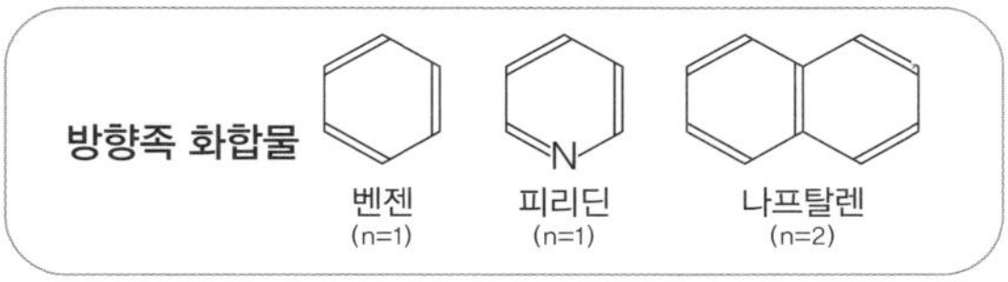

앞에서 설명한 탄화 수소의 구별은 화합물 중에서 이중 결합이나 삼중 결합을 갖는지가 포인트였어요.
콘쥬게이션 이중 결합은 화합물 안에서의 결합 배열이 포인트가 돼요.
부타디엔이라는 물질의 구조식을 보세요.
$H_2C=CH-CH=CH_2$
부타디엔
단일 결합 1개를 사이에 두고 이중 결합이 2개 있어요.
이러한 배열이 **콘쥬게이션**이에요.
단일 결합이 2개 껴 있으면 콘쥬게이션이 아니에요.
그래서?
콘쥬게이션을 갖는 방향족의 반응성은 특히 중요하지만 그것에 대해서는 제3장에서 자세히 이야기할게요.

8 원자의 종류 및 개수가 같아도 다른 물질이다?

● 시스(cis) · 트랜스(trans) 이성질체

유기 화합물에는 분자식은 같지만 구조식이 다른 화합물이 많이 있어요. 이것을 이성질체라고 해요. 이성질체는 성질도 반응성도 전혀 다른 분자예요.

에틸렌C_2H_4의 2개의 탄소에 각각 메틸기CH_3를 붙여볼게요(자세한 것은 제3장에서 설명). 2개의 메틸기가 이중 결합과 같은 쪽에 있는 것을 시스체, 서로 반대쪽에 있는 것을 트랜스체라고 해요. 이들은 서로 분자식은 같지만 구조식이 다르기 때문에 이성질체예요. 이렇게 생긴 차이가 시스 · 트랜스 이성질체예요. 시스는 같은 쪽, 트랜스는 반대쪽의 위치 관계를 의미해요.

● 위치가 달라서 생기는 이성질체

분자 안의 일부 위치가 달라서 이성질체가 되는 경우가 있어요. 2-메틸 헥세인과 3-메틸 헥세인의 분자식은 모두 C_7H_{16}인데 메틸기의 붙는 위치가 다르고 주변의 결합 순서도 다르므로 서로 이성질체예요. 1-헥센과 2-헥센, 3-헥센은 각각 이중 결합의 위치가 다른 이성질체예요.

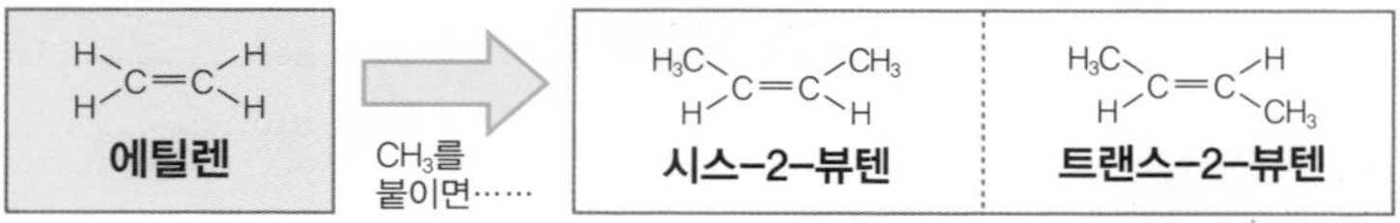

C_7H_{16}	$CH_3-CH(CH_3)-CH_2-CH_2-CH_2-CH_3$ 2-메틸 헥세인	$CH_3-CH_2-CH(CH_3)-CH_2-CH_2-CH_3$ 3-메틸 헥세인

C_6H_{12}	$H_2C=CH-CH_2-CH_2-CH_2-CH_3$ 1-헥센	$CH_3-CH=CH-CH_2-CH_2-CH_3$ 2-헥센	$CH_3-CH_2-CH=CH-CH_2-CH_3$ 3-헥센

구조식을 사용하면
이성질체의 구별이
특히 명확해져요.

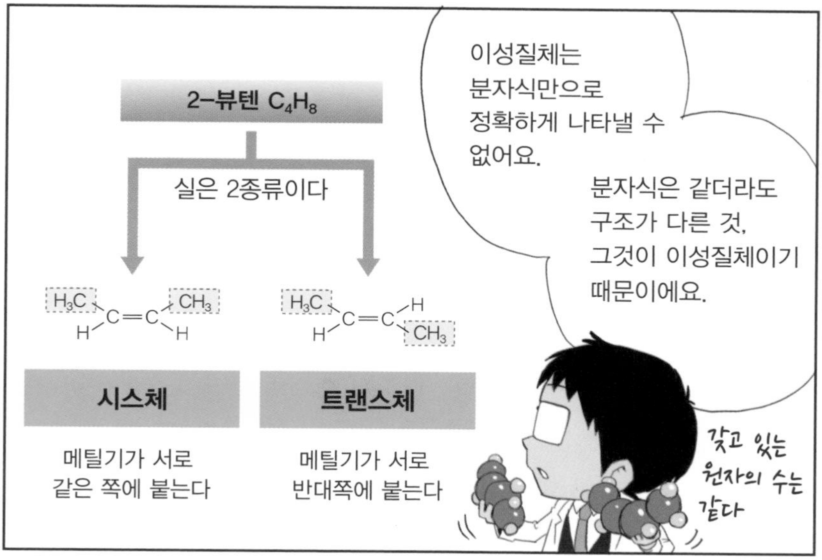
2-뷰텐 C_4H_8
실은 2종류이다
시스체
메틸기가 서로
같은 쪽에 붙는다
트랜스체
메틸기가 서로
반대쪽에 붙는다
이성질체는
분자식만으로
정확하게 나타낼 수
없어요.
분자식은 같더라도
구조가 다른 것,
그것이 이성질체이기
때문이에요.
갖고 있는
원자의 수는
같다

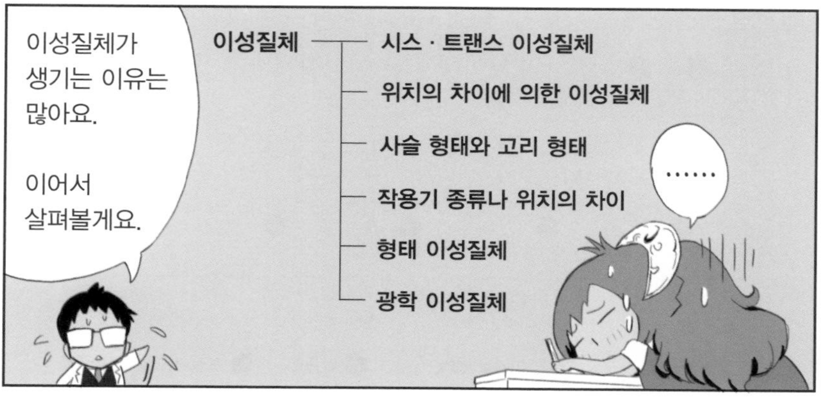
이성질체가
생기는 이유는
많아요.
이어서
살펴볼게요.
이성질체
시스 · 트랜스 이성질체
위치의 차이에 의한 이성질체
사슬 형태와 고리 형태
작용기 종류나 위치의 차이
형태 이성질체
광학 이성질체
……

9 이성질체는 여러 가지가 있다.

● 사슬형과 고리형에 기초한 이성질체

유기 화합물의 종류가 방대한 것은 이성질체가 많은 것이 이유 중 하나예요. 알케인의 이성질체의 개수를 오른쪽 만화 표에 나타냈어요. 탄소 수의 증가와 함께 기하급수적으로 증가하고 있어요.

아래 그림❶~❺는 모두 분자식 C_4H_8의 이성질체예요. 탄소 4개의 포화 화합물(알케인)의 이성질체는 2개인데, 수소가 2개 부족한 불포화 화합물이 되면 갑자기 5개로 늘어나요. ❶~❸은 사슬 형태이며, ❹~❺는 고리 형태의 화합물이에요. ❶과 ❷, ❸은 이중 결합의 위치가 다르며, ❷과 ❸은 시스·트랜스 이성질체예요.

● 작용기에 기초한 이성질체

아래 그림 ❶과 ❷는 모두 C_2H_6O인데, ❶은 알코올(에탄올)이며, ❷는 에터(다이메틸 에터)예요. 또 ❸은 케톤(아세톤)이며, ❹는 알데하이드(프로피온 알데하이드)이고, 구조는 다르지만 분자식은 같기 때문에 서로 이성질체예요.

이처럼 이성질체는 작용기(제3장 1 참조)의 차이에 의한 것이라고 할 수 있어요. 또한 ❸과 ❹는 위치의 차이에 따른 이성질체라고 생각할 수도 있어요.

❶ ❷ ❸ ❹ ❺

CH_3-CH_2-OH ❶ 에탄올

CH_3-O-CH_3 ❷ 다이메틸 에터

$CH_3-\overset{\overset{O}{\|}}{C}-CH_3$ ❸ 아세톤

$CH_3-CH_2-C\genfrac{}{}{0pt}{}{=O}{-H}$ ❹ 프로피온 알데하이드

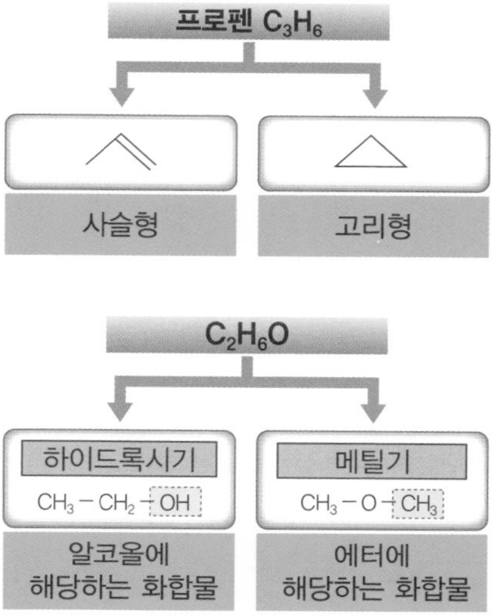

유기 화합물의 이성질체는 기본적으로 탄소 수의 증가와 함께 기하급수적으로 증가해요.

분자식	이성질체의 개수
C_4H_{10}	2
C_5H_{12}	3
$C_{10}H_{22}$	75
$C_{15}H_{32}$	4,347
$C_{20}H_{42}$	366,319

10 입체적으로 보면 이성질체

● 형태에 기초한 이성질체

그림 Ⓐ, Ⓑ는 에테인C_2H_6의 구조를 입체적으로 나타낸 것이에요.

각각은 우선 파선-쐐기선 표기로 나타내고 있어요. 이 가운데 C-C 결합의 연장선상, 즉 왼쪽에서 분자를 바라본다고 생각해 주세요. 그러면 오른쪽 뉴먼 투영식처럼 적을 수 있어요. 양쪽 탄소에 붙은 수소의 겹쳐진 모습을 나타낸 것이에요.

Ⓐ에서는 2개의 탄소에 붙은 수소 원자가 서로 겹쳐져 있으므로 가려진 형태라고 해요. 한편, Ⓑ에서는 탄소의 단일 결합이 비틀어져 있어서 6개의 수소가 서로 다른 것이 잘 보여요. 이를 엇갈린 형태라고 해요. Ⓐ와 Ⓑ는 구조가 다르기 때문에 이성질체이며 회전 이성질체 혹은 형태 이성질체라고 해요.

또한 가려진 형태에서는 수소끼리 가까워서 양쪽간의 반발로 불안정해져요. 아래 그래프는 수소 간의 각도에 따라서 에너지가 변화하는 모습을 나타내고 있어요.

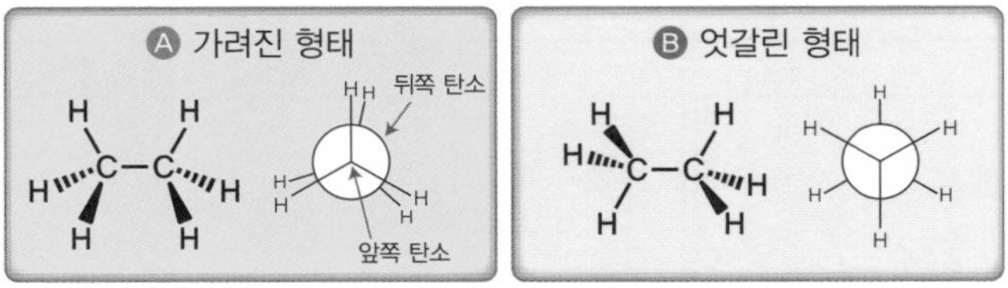

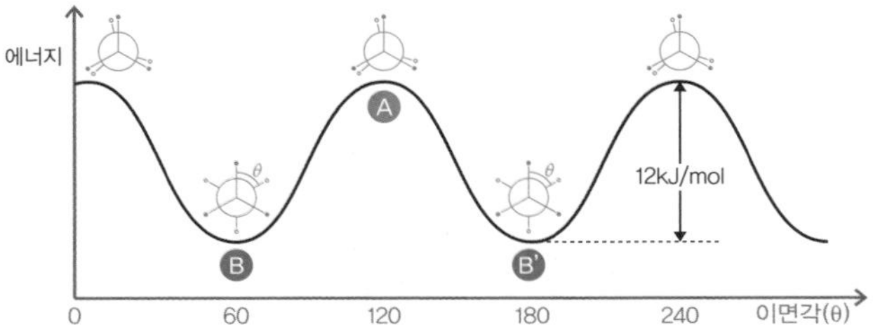

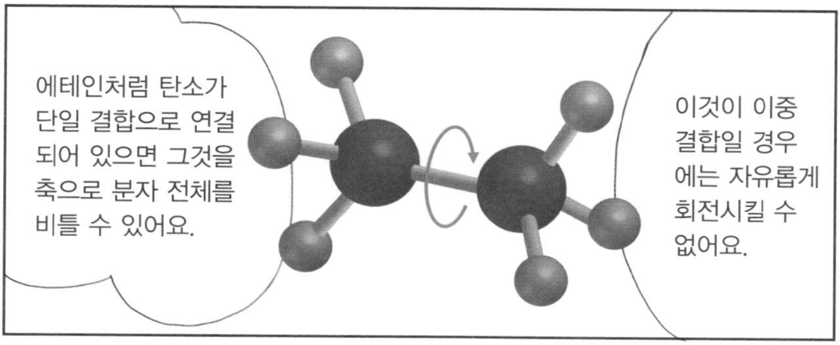
에테인처럼 탄소가 단일 결합으로 연결되어 있으면 그것을 축으로 분자 전체를 비틀 수 있어요.
이것이 이중 결합일 경우에는 자유롭게 회전시킬 수 없어요.

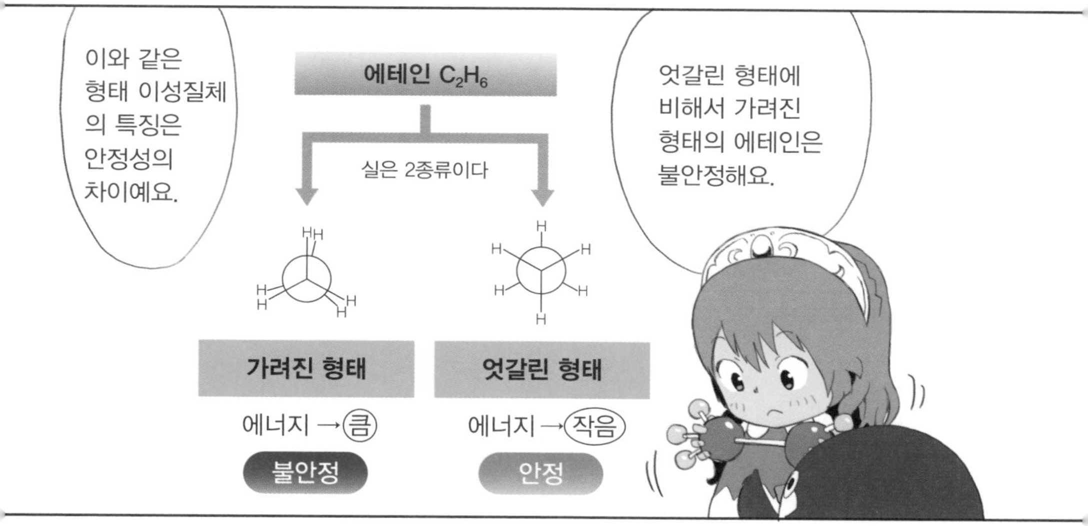
이와 같은 형태 이성질체의 특징은 안정성의 차이예요.
에테인 C_2H_6
실은 2종류이다
H H H H H H
H H H H H H
가려진 형태
엇갈린 형태
에너지 →큼
에너지 →작음
불안정
안정
엇갈린 형태에 비해서 가려진 형태의 에테인은 불안정해요.

안정성의 차이는 탄소에 붙은 수소끼리의 위치 관계에 의한 것인데,
실은 차이가 너무 작아서 이들 형태 이성질체를 화학적으로 분리하는 것은 곤란해요.

11 거울에 비추면 겹쳐지는 이성질체

● 이성질체가 항상 있는 카이랄성 중심 탄소

아래 그림 Ⓐ, Ⓑ의 분자는 모두 탄소에 수소, −R(알킬기), $-NH_2$(아미노기), −COOH(카복실기) 라고 불리는 치환기가 붙은 아미노산이라 불리는 것이에요(제3장 참조). 이 2개의 분자를 어떻게 회전시켜도 서로 겹칠 수는 없어요. 때문에 Ⓐ와 Ⓑ는 서로 다른 화합물이며 이성질체가 돼요.

이처럼 서로 다른 4개의 원자 혹은 치환기가 붙은 탄소를 **카이랄성 중심 탄소**라고 하며, 카이랄성 중심 탄소에는 반드시 이러한 이성질체 현상이 나타나요.

● 왼손 · 오른손 관계에 기초한 이성질체

분자 Ⓐ, Ⓑ의 관계는 오른손과 왼손의 관계에 비유할 수 있어요. 오른손과 왼손은 서로 다른 손이지만 오른손을 거울에 비추면 왼손과 같아져요. 이러한 경우, **왼손 · 오른손 관계** 혹은 **거울상 이성질체**라고 해요.

왼손·오른손 관계는 화학적 성질이 완전히 똑같아요. 하지만 광학적인 거동과 생체에 있어서의 반응 등에서는 전혀 다른 성질을 나타내요. 때문에 **광학 이성질체**라고도 불려요.

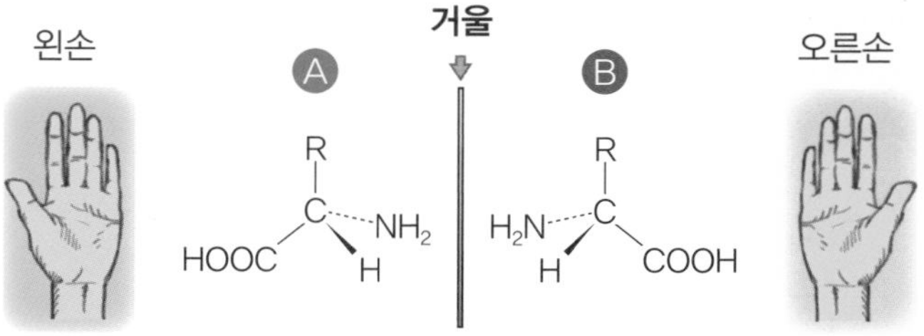

오른손과 왼손은 거울에 비춰진 모습 같아요.
짠
절대 겹칠 수가 없어요.
슥
이것은 광학 이성질체 관계와 비슷해요.
오른손과 왼손은
겹칠 수 없어요.
오른손을 아무리 회전해도 왼손은 될 수 없지요?
으응
얼핏 보면 같아 보이지만 오른손과 왼손은 서로 달라서 대신할 수 없는 관계예요.
서로 겹칠 수 있어요.
겹쳐지지 않고 서로 마주 보고 있는 거예요.
오른손과 왼손은
겹칠 수 없어요♡
이거 재밌는데요 선생님
아무튼 이성질체란 비슷하지만 다른 것이라는 걸 꼭 알아 두세요.

Column

½의 세계

거울상 이성질체는 오른손에 해당하는 것과 왼손에 해당하는 것(D형과 L형)이 한 세트이며 합성하면 각각 거의 같은 양이 생성되요. 하지만 자연계에는 단백질을 만드는 아미노산처럼 세트 중에서 '한쪽만' 볼 수 있는 것이 많아요. 특히 생물의 아미노산은 거의가 L 형이에요.

오랫동안 유기 화학계의 큰 의문이었지만 최근에 천문 분야의 관측으로 밝혀지고 있어요. 밤하늘에 빛나는 오리온 좌의 오리온 대성운(M42)에는 수소나 산소, 탄소 등의 성간 가스가 모여서 많은 항성이 생겨나는 곳(별 형성 영역)이 있어요. 그곳에서 태양계의 수백 배나 되는 광대한 범위가 특수한 빛으로 비치는 현상이 관측되었어요. 발원된 빛은 거대한 별이 내는 소리와 같은데, 오른쪽 회전의 '원편광'이 인정되는 곳과 왼쪽 회전의 '원편광'이 인정되는 곳이 있는 거예요.

빛은 전기장과 자기장이 진동하면서 공간을 이동하는 현상으로 진동의 궤적이 아래 그림처럼 원을 그리는 것을 원편광이라고 해요. 어느 한쪽의 회전 방향의 원편광이 강하게 조사되면서 아미노산의 광학 이성질체에 편중이 생겼다(아미노산의 '호모카이랄성(homochirality)'가 발생한다)는 설이 주목받게 되었어요.

지구를 포함한 원시 태양계도 대략 46억 년 전에 오리온 대성운에 있는 것과 같은 별 형성 영역에서 태어났어요. 그때에도 원편광이 조사되면서, L 형의 아미노산만이 남아서 생명과 생물의 탄생이 깊이 관여했다는 주장이 설득력을 얻고 있어요.

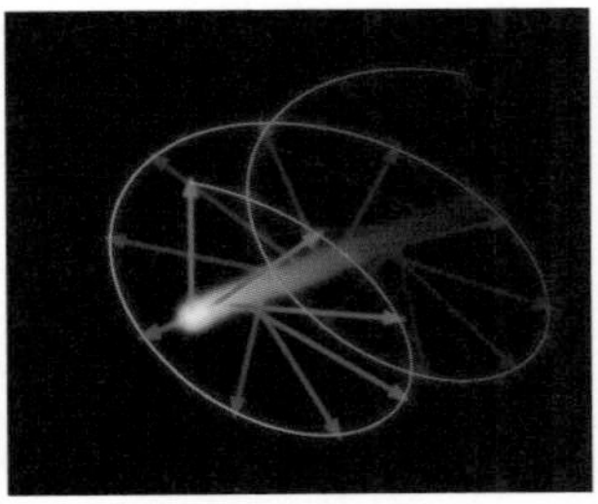
원편광 이미지 ©국립천문대

제 3 장

유기 화합물의 종류와 성질

유기 화합물의 종류는 헤아릴 수 없을 정도로 많아요. 하지만 몇 가지 큰 종류로 나눌 수 있어요. 이때 중요한 역할을 하는 것이 작용기예요. 같은 작용기를 갖는 유기 화합물은 비슷한 성질을 나타내요. 유기 화학을 이해하기 위해서는 작용기의 성질을 이해하는 것이 지름길이에요.

1 'OO기'란 무엇일까?

● 치환기

유기 화합물의 종류는 헤아릴 수 없을 만큼 많아요. 하지만 이런 유기 화합물도 성질이 비슷한 것끼리 모으면 몇 개의 그룹으로 분류할 수 있어요. 이때 중요한 역할을 하는 것이 **치환기**예요.

유기 화합물의 분자를 본체 부분과 부수적인 부분으로 나눌 때 부수적인 부분을 치환기라고 해요. 부수적인 부분이라고 해서 덜 중요하다는 의미는 아니에요. 치환기는 본체 부분에 있던 수소 원자와 대체되어 덧붙는데, 분자 전체의 얼굴이 되는 경우도 간혹 있어요.

● 알킬기와 작용기

치환기 중에서 탄소와 수소가 단일 결합으로 결합한 것, 다시 말해서 알케인에서 유도된 것을 **알킬기**라고 해요. 메틸기 $-CH_3$ 혹은 에틸기 $-CH_2CH_3$가 여기에 해당해요. 알킬기는 기호 R을 이용하여 $-R$로 표시하기도 해요.

그리고 알킬기 이외의 치환기 다수를 일반적으로 **작용기**라고 해요. 주요한 작용기의 이름과 구조, 그 작용기를 포함한 화합물의 일반명과 구체적인 예를 오른쪽 표에 나타냈어요.

비닐기 $-CH=CH_2$ 처럼 이중 결합을 포함한 탄화수소에서 수소 1개가 떨어진 것도 작용기로 활약해요. 단 비닐기, 페닐기 $-C_6H_5$, 알킬기 등을 모두 **탄화수소기**라고 부르며 탄화수소기 이외의 치환기를 주요 작용기로 보기도 해요.

즉 작용기 대부분은 C, H 이외의 원소를 포함하고 있어요. 작용기는 분자의 성질이나 반응성을 결정한다는 의미에서 분자의 얼굴과 같은 존재예요.

- **치환기**
  - **탄화수소기** — **알킬기** 기호 R
    - 알케인 (C_nH_{2n+2}) 에서 수소 1개를 뺀 것
  - **작용기**

이름	화학식
메틸기	$-CH_3$
에틸기	$-CH_2CH_3$
⋮	⋮

이름	화합물의 일반명	화학식	화합물의 화학식	화합물의 예
페닐기	**방향족**	$-C_6H_5$	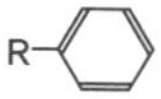	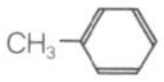 톨루엔
비닐기	**비닐 화합물**	$-CH=CH_2$	$R-CH=CH_2$	$CH_3-CH=CH_2$ 프로필렌
하이드록시기	**알코올**	$-OH$	$R-OH$	CH_3-OH 메탄올 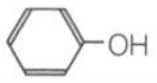 페놀
카보닐기	**케톤**	$>C=O$	$R, R'>C=O$	$(CH_3)_2C=O$ 아세톤 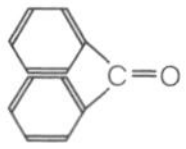 벤조페논
폼일기	**알데하이드**	$-CHO$	$R-C(=O)H$	$CH_3-C(=O)H$ 아세트알데하이드 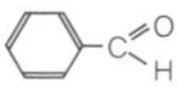 벤조알데하이드
카복실기	**카복실산**	$-COOH$	$R-C(=O)OH$	$CH_3-C(=O)OH$ 초산 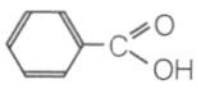 벤조산
아미노기	**아민**	$-NH_2$	$R-NH_2$	CH_3-NH_2 메틸 아민 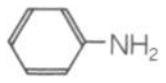 아닐린
나이트로기	**나이트로 화합물**	$-NO_2$	$R-NO_2$	CH_3-NO_2 나이트로 메테인 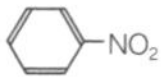 나이트로 벤젠
나이트릴기 (사이아노기)	**나이트릴 화합물**	$-CN$	$R-CN$	CH_3-CN 아세트 나이트릴 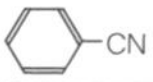 벤조 나이트릴

2 알코올과 페놀

● 알코올

메탄올이나 에탄올처럼 알킬기에 하이드록시기 -OH가 결합한 화합물을 보통 알코올이라고 해요.

하이드록시기가 붙은 탄소에 알킬기가 1개 붙은 알코올을 1차 알코올, 2개, 3개 붙은 것을 각각 2차, 3차 알코올이라고 해요.

메탄올, 에탄올은 대표적인 알코올이에요. 에탄올은 주류 성분으로 일반적으로 알코올이라고 하면 에탄올을 말할 때가 많아요. 알코올은 중성이며 알칼리 금속과 반응하여 금속염(알콕사이드)과 수소 가스가 생겨요.

● 페놀

벤젠의 수소 1개가 하이드록시기 -OH로 바뀐 것을 페놀이라고 해요. 페놀은 알코올과 다르게 산성이에요. 그래서 다른 이름으로 석탄산이라고도 해요. 살균 작용이 있어서 소독제로도 사용되요. 페놀 수지는 페놀을 원료로 한 플라스틱이에요.

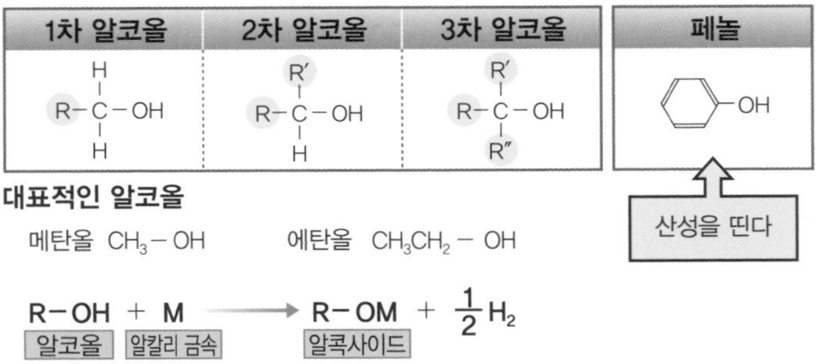

2장에서는
탄화수소가
만드는
유기 화합물의
골격을 중심으로
살펴보았어요.
여기서는
그 골격에
변화를 주는
작용기에 대해
소개해 볼게요.

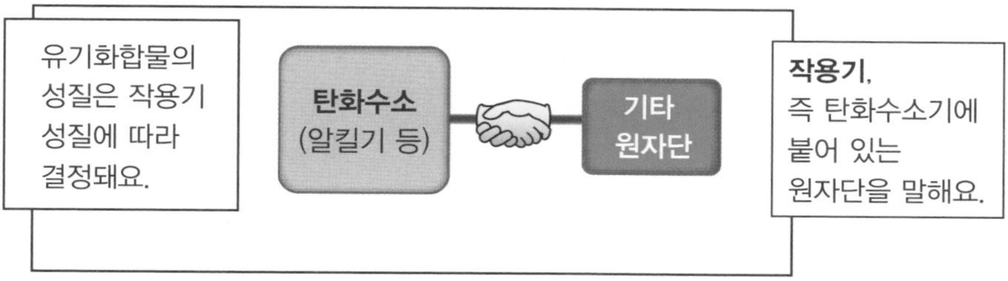
유기화합물의
성질은 작용기
성질에 따라
결정돼요.
탄화수소
(알킬기 등)
기타
원자단
작용기,
즉 탄화수소기에
붙어 있는
원자단을 말해요.

탄화수소의
구조가 달라
도 같은 작
용기를
가질 때
친구!
친구!
성질이
비슷한
친구끼리
하나로 합칠
수가 있어요.

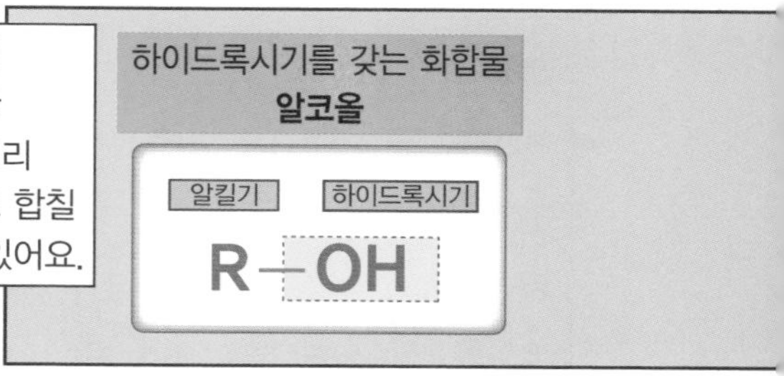
하이드록시기를 갖는 화합물
알코올
알킬기
하이드록시기
R—OH

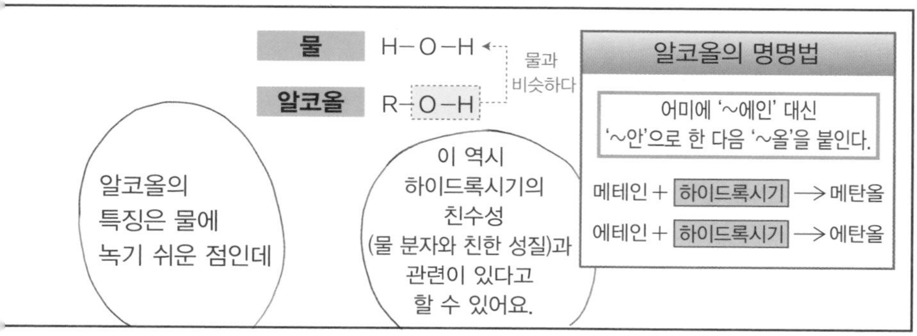
물 H—O—H
알코올 R—O—H
물과
비슷하다
알코올의 명명법
어미에 '~에인' 대신
'~안'으로 한 다음 '~올'을 붙인다.
메테인 + 하이드록시기 → 메탄올
에테인 + 하이드록시기 → 에탄올
알코올의
특징은 물에
녹기 쉬운 점인데
이 역시
하이드록시기의
친수성
(물 분자와 친한 성질)과
관련이 있다고
할 수 있어요.

3 에테르의 2가지 종류

● 사슬형 에테르

2개의 알킬기가 산소와 결합한 것을 에테르라고 해요. 2개의 알킬기가 모두 메틸기 $-CH_3$인 것을 다이메틸 에테르, 에틸기$-CH_2CH_3$인 것을 다이에틸 에테르라고 해요. 단순히 에테르라고 하면 다이에틸 에테르를 가리킬 때가 많아요.

다이에틸 에테르는 유기 화합물을 녹이기 쉬우므로 유기 반응의 용매로 자주 이용돼요. 휘발성이 있어서 인화, 폭발 위험이 있으므로 취급할 때는 주의가 필요해요.

● 고리형 에테르

고리 모양의 에테르도 있어요. 삼각 고리(삼각형 구조)의 에폭사이드(산화에틸렌ethylene oxide)은 반응성이 높아서 각종 반응 시약이나 플라스틱 원료, 접착제 등에 사용돼요.

테트라하이드로퓨란(THF)은 유기 반응의 용매로 이용돼요. 유해성이 문제가 되는 다이옥신류의 PCDD(제8장 2 참조)는 2개의 벤젠 고리가 2개의 산소로 결합한 것으로 고리형 에테르의 한 종류예요.

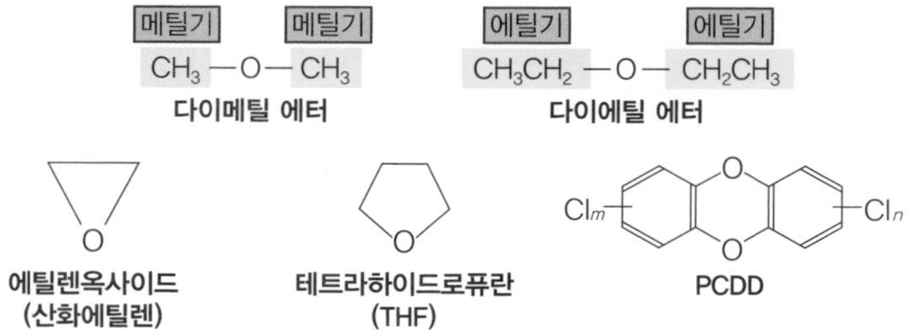

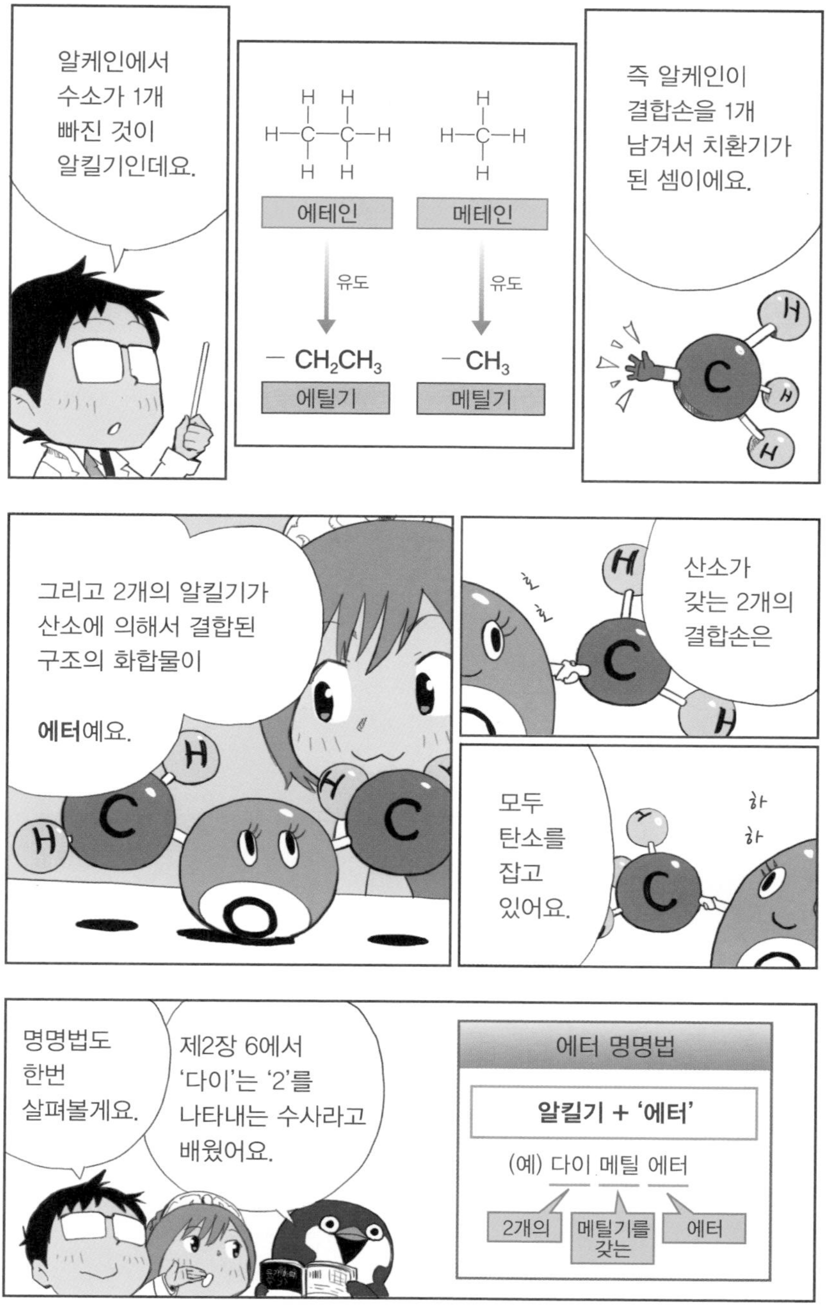

알케인에서
수소가 1개
빠진 것이
알킬기인데요.
에테인
메테인
유도
유도
− CH2CH3
에틸기
− CH3
메틸기
즉 알케인이
결합손을 1개
남겨서 치환기가
된 셈이에요.
그리고 2개의 알킬기가
산소에 의해서 결합된
구조의 화합물이
에터예요.
산소가
갖는 2개의
결합손은
모두
탄소를
잡고
있어요.
명명법도
한번
살펴볼게요.
제2장 6에서
'다이'는 '2'를
나타내는 수사라고
배웠어요.
에터 명명법
알킬기 + '에터'
(예) 다이 메틸 에터
2개의
메틸기를
갖는
에터

4 카보닐 화합물인 케톤

● 카보닐 화합물

산소와 탄소가 이중 결합으로 결합한 C=O 원자단을 포함한 화합물을 일반적으로 **카보닐 화합물**이라고 해요. 카보닐 화합물에는 카보닐기 > C=O를 갖는 **케톤**, 폼일기 -CHO를 갖는 **알데하이드**, 카복실기 -COOH를 갖는 **카복실산** 등 중요한 것이 많이 있어요.

● 케톤

카보닐기 > C=O에 2개의 알킬기가 결합한 것을 케톤이라고 하며 아세톤이나 벤조 페논 등이 있어요. 아세톤은 유기 화합물을 녹이는 힘이 매우 강하며 또 물과 잘 섞이기 때문에 용제나 공업용 세제로도 사용돼요.

산소와 탄소는 전기 음성도가 각각 3.44, 2.55로 달라요. 따라서 C=O 결합에서는 산소 쪽이 (-)로 하전되고 탄소 쪽이 (+)로 하전되는 **분극**이 일어나요.

케톤을 환원하면(수소를 줌) 2차 알코올이 되며 반대로 2차 알코올을 산화하면(수소를 제거) 케톤이 돼요.

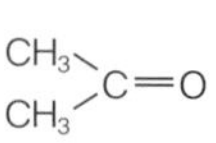

아세톤

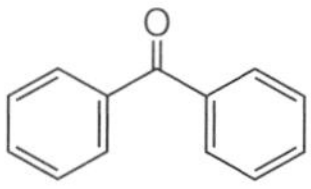

벤조 페논

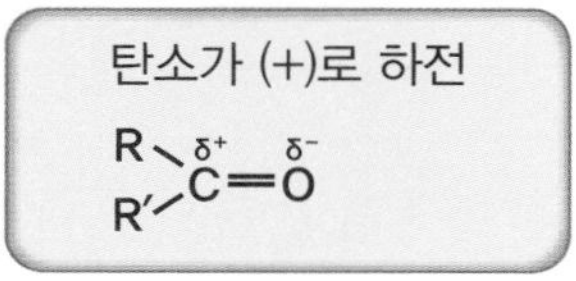

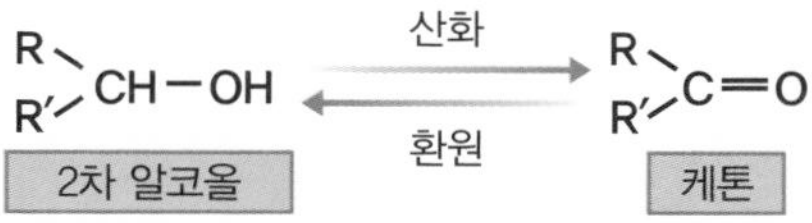

알코올 그리고 에터
이제까지 살펴본 것들은 **탄소와 산소가 단일 결합으로 연결된 화합물**이라고 정리할 수 있어요.
C–O 결합
C=O결합
자, 지금부터는 그것이 이중 결합을 한 카보닐 화합물에 대해서 알아볼게요.
카보닐 3형제
새로운 캐릭터
카보닐기
R
C=O
R′
카보닐기를 갖는 화합물
케톤
케톤의 명명법
어미에 '온'
새로운 캐릭터
아세톤은 가장 작은 케톤이며 2-프로판올이 산화한 것이에요. 명명 규칙에 따르면 '2-프로판온'이라고 해야 맞는데 관용적으로 아세톤이라고 불러요.
에탄올님이 아세톤이라고 부르는 그녀 …… 진짜 이름은?
아니 말하지 말아줘 다이메틸 에터
흐~흐 단일 결합은 나설 곳이 아니야.
의외로 선생님이 하시는 말씀을 잘 듣고 있군요 ……

5 알데하이드의 종류와 성질

● 알데하이드

폼일기-CHO를 포함한 화합물을 알데하이드라고 해요. 폼알데하이드(메탄알)나 아세트알데하이드(에탄알) 등이 전형적이에요.

폼알데하이드는 가장 간단한 구조의 알데하이드로서 수용액은 포르말린이라 불리며 단백질을 경화시키는 작용을 해요. 또 페놀 수지 등의 열경화성 수지(제6장 3 참조)의 원료로도 사용돼요. 이처럼 수지(플라스틱)에서 새어 나오는 미반응 폼알데하이드는 새집증후군의 원인으로 알려져 있어요.

● 산화되기 쉬운 특징

알데하이드를 환원하면 1차 알코올이 돼요. 반대로 1차 알코올을 산화하면 알데하이드가 돼요. 하지만 알데하이드는 산화되기 쉬워서(산소를 받아들이기 쉬워서) 반응은 알데하이드 생성에 그치지 않고 더욱 산화가 진행되어 카복실산이 돼요.

산화되기 쉽다는 것은 환원성을 가진다는 의미예요. 알데하이드의 환원성을 확인하는 방법으로는 **펠링 반응** 혹은 **은거울 반응**(191쪽 실험 1 참조)이 유명해요.

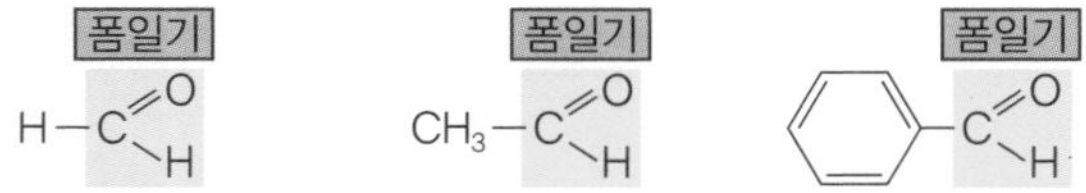

폼알데하이드 **아세트알데하이드** **벤조알데하이드**

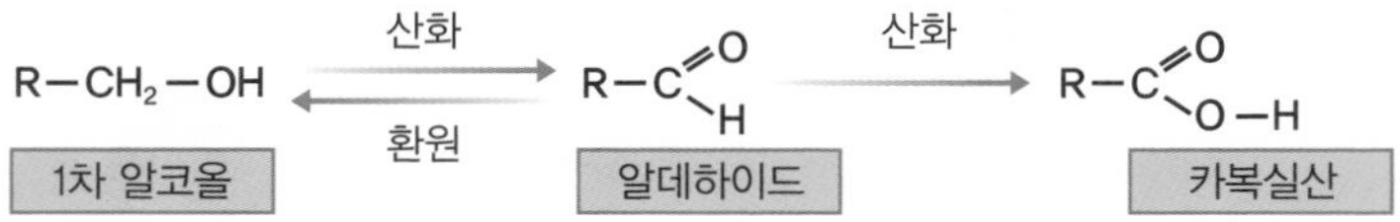

폼일기를 갖는 화합물
알데하이드
폼일기
R—C=O, H
2번째 카보닐 화합물은 이거예요.
새로운 캐릭터가 계속 나오네요.
폼일기라는 치환기를 자세히 살펴보면 앞서 말한 카보닐기와 같은 구조가 감춰져 있는 것을 알 수 있어요.
카보닐기
—C=O, H
그래서 카보닐기를 포함한 복합기로 볼 수도 있어요.
가족 같은 느낌?
……
알데하이드는 산소를 받아들이기 쉬운 물질이어서 금방 카복실산으로 변화되어 버리는 특징이 있어요.
카복실산
다음 페이지
반응성은 다음 장에도 또 나오니 꼭 기억해 두세요.

6 카복실산은 친근한 산

● 카복실산은 어디에 있을까?

카복실기 -COOH를 갖는 화합물을 카복실산이라고 해요. 개미가 갖는 개미산(폼산)이나 식초에 포함된 초산은 대표적인 카복실산이에요. 유지를 만드는 지방산이나 단백질을 만드는 아미노산 역시 카복실산이에요.

카복실산은 1차 알코올 또는 알데하이드를 산화시켰을 때 생성돼요.

● 산으로서 H^+를 방출한다

아래의 반응식과 같이 카복실산은 2개의 이온으로 분리돼요. 이처럼 해리되어 H^+를 방출하는 것을 일반적으로 산이라고 해요.

용액의 산성도는 pH(수소 이온 농도 지수)로 나타내요. pH는 오른쪽 만화 그림의 '식 1'처럼 로그값이므로 수치가 1 달라지면 농도는 10배나 달라져요. 수치가 작은 쪽이 고농도예요. 중성은 pH=7이며, 이보다 작으면 산성, 크면 염기성(알칼리성)이 돼요.

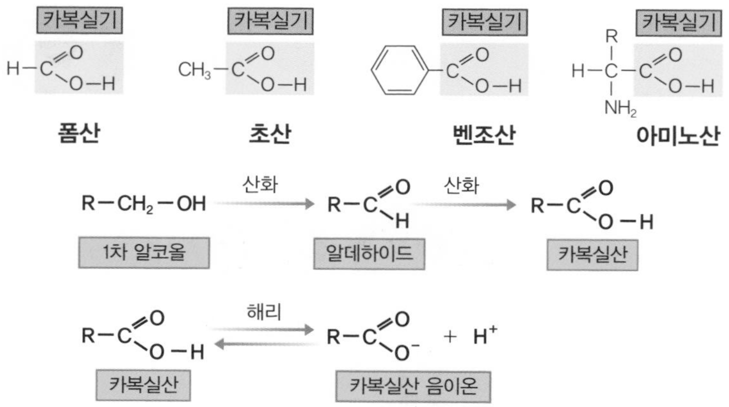

식 1

$$pH=-\log[H^{+}]$$

중성
산성
염기성
pH 0 1 2 3 4 5 6 7 8 9 10 11 12 13 14
3.5% 염산 HCl
식초 레몬
귤
수박
우유
혈액
비누
잿물
4% 수산화소듐 NaOH

마지막으로 카보닐 화합물. 이제 3개가 다 모였네.
카복실기를 갖는 화합물
카복실산
카복실기
R−C=O, OH
모두 진짜 비슷하네요.

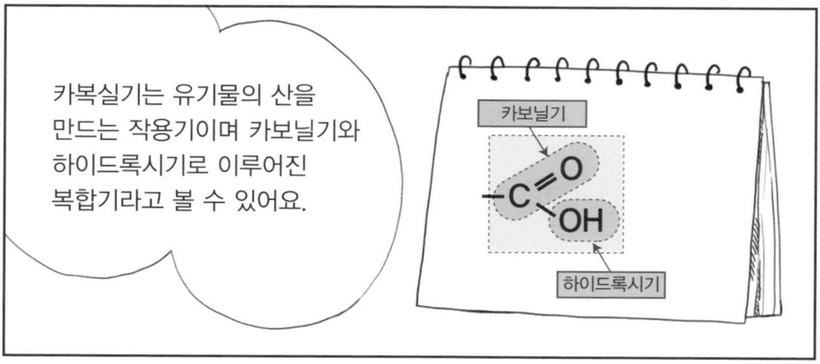
카복실기는 유기물의 산을 만드는 작용기이며 카보닐기와 하이드록시기로 이루어진 복합기라고 볼 수 있어요.
카보닐기
−C=O
OH
하이드록시기

7 에스터와 산무수물

● 에스터

카복실산과 알코올이 반응하면 물과 **에스터**를 생성해요(에스터화). 카복실기 -COOH의 OH와 알코올의 하이드록시기의 -OH의 H로 물 H_2O가 만들어져요. 이처럼 2개의 분자가 물을 방출하여 결합하는 반응을 탈수 축합 반응이라고 해요.

에스터는 물과 반응시키면 본래의 카복실산과 알코올로 돌아가요. 이 것을 에스터의 **가수 분해**라고 해요.

에스터는 과일 향이 나는 것으로도 알려져 있어요.

● 산무수물

2분자의 카복실산에서 물이 빠진 것을 **산무수물**이라고 하며, 초산에서 만들어진 것은 무수초산이라고 해요. 1분자 중에 있는 2개의 카복실기가 시스체 관계인 말레산에서는 탈수 반응을 일으켜서 고리 형태의 무수말레산이 돼요. 하지만 하이드록시기가 트랜스체의 관계인 푸마르산은 하이드록시기끼리 거리가 멀어서 무수물이 되지 않아요.

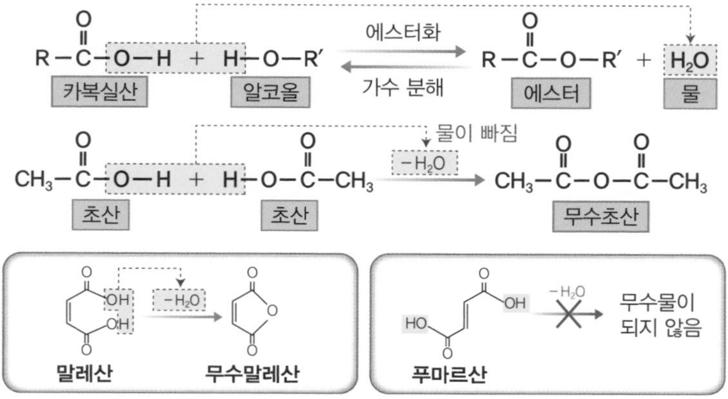

이쪽 분자에서 O와 H를 받고
또 이쪽 분자에서는 H를 받아 결합시켜요.
자, 물 분자가 완성되었어요. 재밌지요?
그리고 나머지 원자가 모여서 1개의 분자가 돼요.
이것을 **탈수 축합 반응**이라고 해요.
이미 소개한 화합물 사이에서도 이러한 반응은 일어나요.
그 때의 반응물의 조합에 따라서 생성물의 이름도 결정된다는 걸 알아 두세요.
카복실산 + 알코올 탈수 축합 에스터
R－COO－R′
카복실산 + 카복실산 탈수 축합 산무수물
R－CO－O－CO－R′
물이 빠지고 다른 것으로
그리고 탈수 축합은 가역적인 반응이에요.
즉, 물 분자를 가해주면 원래 물질로 분해돼요.
카복실산 + 알코올 가수 분해 에스터
카복실산 + 카복실산 가수 분해 산무수물
물이 원래 상태로 되돌리다니 너무 간단!?
열 등을 가해줄 때도 있다

8 아민과 동료들

● 작은 분자도 큰 분자도 있다

아미노기 $-NH_2$를 갖는 화합물을 아민이라고 하며 질소N에 붙은 알킬기의 개수에 따라서 분류해요. 질소에 1개, 2개, 3개의 알킬기가 붙은 것을 각각 1차, 2차, 3차 아민이라고 해요.

위의 아민에 H^+가 첨가되어 양이온이 되면 각각 1차, 2차, 3차 암모늄 이온 화합물이라고 불러요. 질소가 (+)로 하전 되어 있으며 4개의 알킬기가 붙은 것은 4차 암모늄 이온 화합물이에요.

아닐린은 벤젠 고리에 아미노기가 붙은 것을 말해요. 또 아미노산도 아민의 한 종류로 볼 수 있어요.

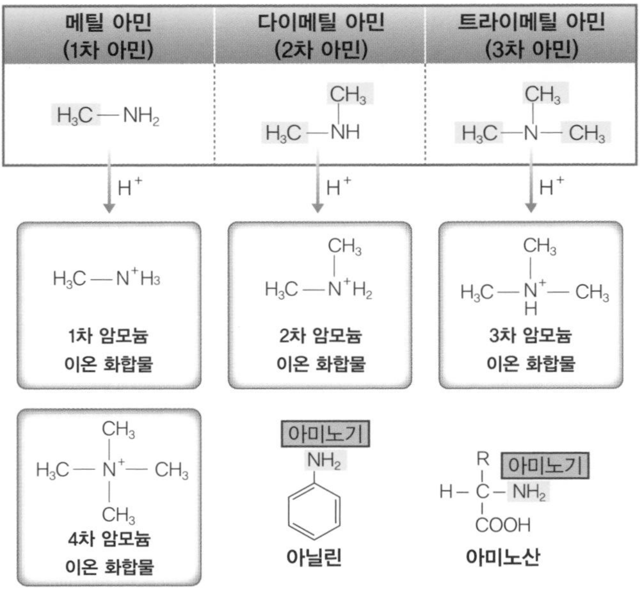

탄소
산소
수소
다음으로 유기 화합물의 주요 원소는 바로 **질소**예요.
질소를 포함한 치환기 중 하나가 아미노기예요.
아미노기를 갖는 화합물
아민
아미노기
$R-NH_2$
눈에 띄는 새 캐릭터!
아미노산 이라는 말 자주 들어봤지요?
아미노산은 조금 특별한 아민의 한 종류로 카복실기도 가지고 있어요.
때문에 곁사슬(side chain)의 성질에 따라 아미노산의 종류는 산성 · 중성 · 염기성으로 정해져요.
곁사슬
R
H
C
염기성
NH_2
COOH
산성
인체에도 중요한 물질

9 아민은 무엇을 할까?

● 염기성이며 H^+를 받는다

아민은 H^+를 받아 (+)로 하전 되는 성질이 있어요. 일반적으로 H^+를 받는 성질이 있는 물질을 **염기**라고 해요. 한편 제3장 6에서 설명했듯이 H^+를 방출하는 성질이 있는 물질을 산이라고 해요. 그런 의미에서 아민은 전형적인 유기 화합물의 염기예요.

염기에는 강약이 있으며 크기를 pK_b(염기 해리 상수) 또는 그것과 반대 관계에 있는 pK_a(산 해리 상수)로 나타내요. pKa가 클수록 염기가 강해요. 다시 말해서 H^+와 결합하는 힘이 강한 것을 의미해요. 메틸 아민은 암모니아보다 강한 염기이며 아닐린 등은 매우 약한 염기예요.

● 아마이드

아민과 카복실산이 탈수 축합한 것을 **아마이드**, 이러한 반응을 **아마이드화**라고 해요. 아마이드화는 단백질 합성이나 나일론 합성 등과 연결되는 중요한 반응이에요.

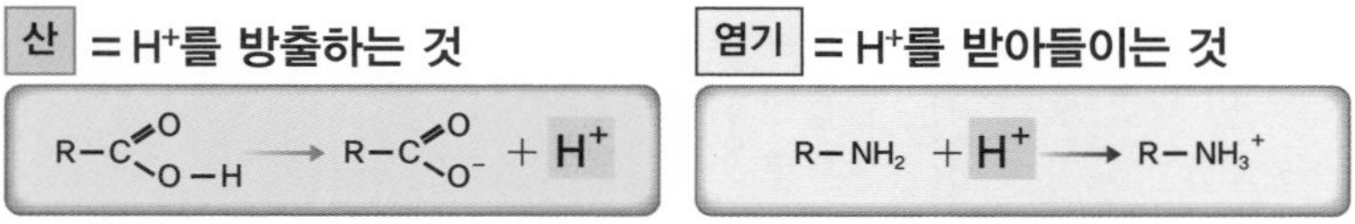

염기	피롤	아닐린	피리딘	암모니아	메틸 아민	퀴누클리딘
	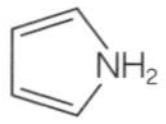	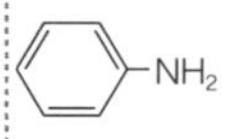	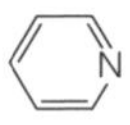	NH_3	CH_3NH_2	
pKa	0.4	4.6	5.3	9.3	10.7	11.0

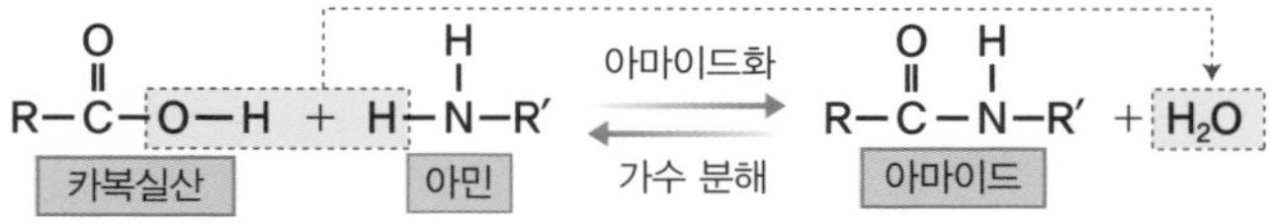

제3장 8에서 살펴본
아미노산은 특수한 경우로
아민의 특징은 바로
염기성에 있어요.
아미노기는 질소와
수소의 전기 음성도
차이로 질소가 (–)로
하전돼요.
이것이
새로운
H⁺를 끌어
당기는
거예요.
H
H⁺를 받는
염기성
N
또 아민과
카복실산에 의한
생성물이
아마이드예요.
카복실산
이에 관해서는 제3장 7의
에스터화와 같다고 이해해
주세요.
탈수 축합에 의해서
생성된 것이 에스터
카복실산 + 알코올 탈수 축합 에스터
반응물이 알코올에서 아민으로
바뀌었을 때의 생성물이
아마이드예요.
카복실산 + 아민 탈수 축합 아마이드
에스터화와 마찬
가지로 가역적인
반응이 이루어져요.
기억하고 있나요?
'가수 분해'
물을 다시
넣으면
또
분열……!!

10 방향족 화합물의 조건

● 방향족은 냄새가 좋다?

유기 화학에서는 '방향족 화합물(이하 방향족)'을 빼놓고 이야기할 수 없어요. 그만큼 중요해요. 제2장 7에서 콘쥬게이션 화합물의 예로서 소개했는데 반대로, '방향족이란 무엇인가요?'라고 물으면 정확하게 대답하기가 어려워요. 또 이름대로 좋은 향을 가졌다고 단정 지을 수는 없어요. 피리딘은 냄새가 아주 고약하지만 전형적인 방향족이에요.

● 방향족의 조건

방향족을 정의하기는 어렵지만, 간단히 말하면

① 모두 콘쥬게이션의 고리형 구조를 갖는다.
② 고리 안에 (2n+1)개(n은 정수)의 이중 결합을 갖는다.

와 같은 2가지 조건을 충족하면 방향족이라고 할 수 있어요.

즉, 벤젠, 피리딘(n=1) 혹은 나프탈렌(n=2)은 방향족이에요. 사이클로 부타디엔과 사이클로 펜타디엔은 방향족이 아니에요. ②는 복잡한 조건을 꽤 간략화시켰으므로 이에 해당되지 않는 방향족도 존재해요.

화합물 / 조건	벤젠 	피리딘 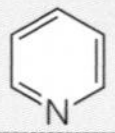	나프탈렌 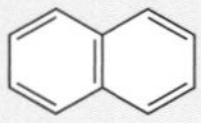	사이클로 부타디엔 	사이클로 펜타디엔 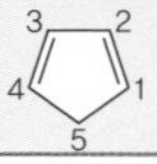
모두 콘쥬게이션인가?	○	○	○	○	×※
이중 결합이 (2n +1)개 있는가?	○ 3개 (n=1)	○ 3개 (n=1)	○ 5개 (n=2)	× (2개)	× (2개)

※C_5가 콘쥬게이션계에서 벗어나 있다.

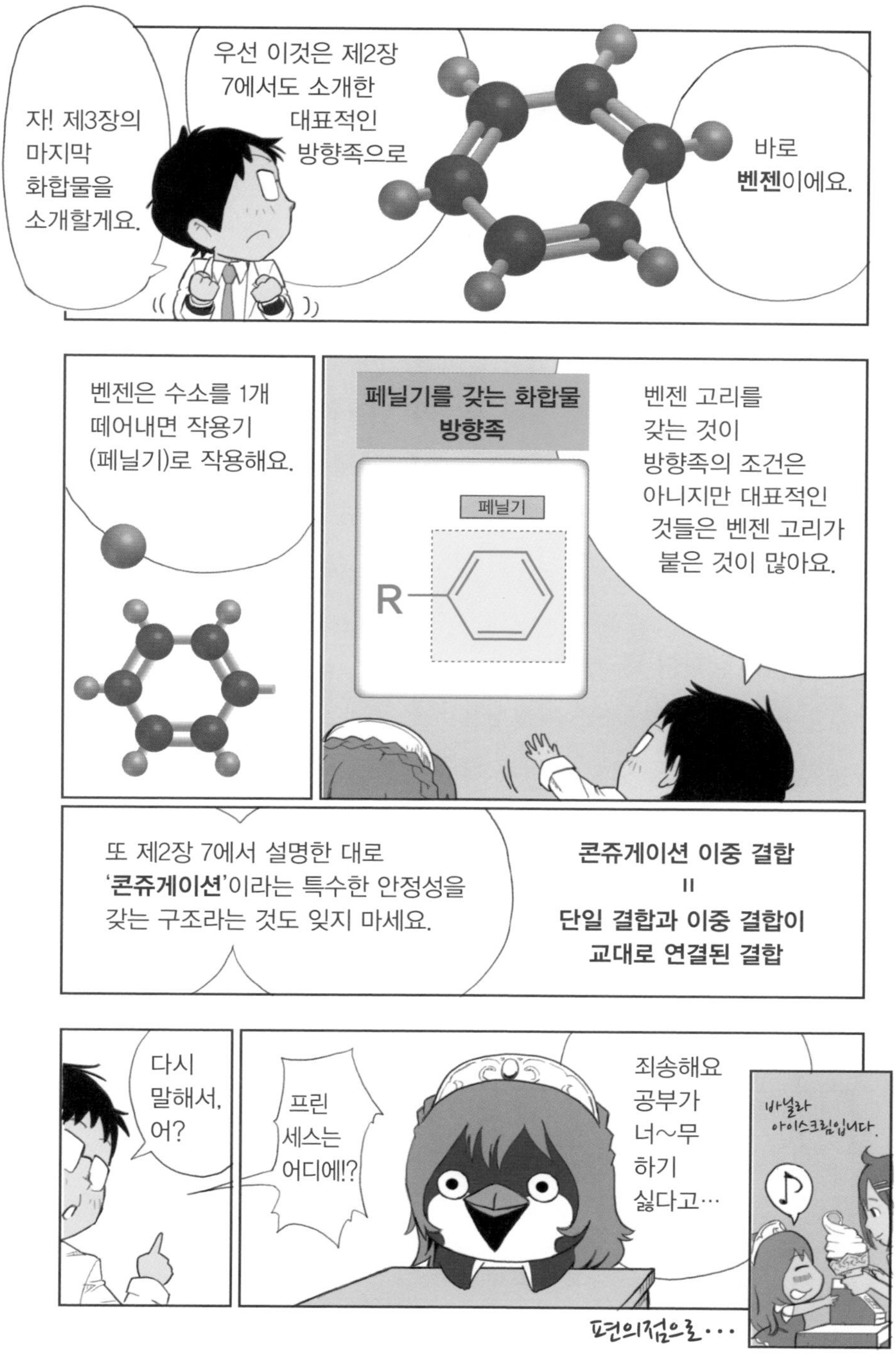

자! 제3장의 마지막 화합물을 소개할게요.
우선 이것은 제2장 7에서도 소개한 대표적인 방향족으로
바로 **벤젠**이에요.
벤젠은 수소를 1개 떼어내면 작용기(페닐기)로 작용해요.
페닐기를 갖는 화합물
방향족
페닐기
R
벤젠 고리를 갖는 것이 방향족의 조건은 아니지만 대표적인 것들은 벤젠 고리가 붙은 것이 많아요.
또 제2장 7에서 설명한 대로 '**콘쥬게이션**'이라는 특수한 안정성을 갖는 구조라는 것도 잊지 마세요.
콘쥬게이션 이중 결합
=
단일 결합과 이중 결합이 교대로 연결된 결합
다시 말해서, 어?
프린세스는 어디에!?
죄송해요 공부가 너~무 하기 싫다고…
바닐라 아이스크림입니다.
편의점으로···

11 방향족은 왜 특별할까?

● 안정적이다

방향족의 특징은 성질과 구조로 나누어 생각할 수 있어요. 성질로 보았을 때 가장 큰 특징은 안정하다는 점이에요.

화합물의 '안정'성에는 두 가지 의미가 있어요. 하나는 '부서지기 어렵다'라는 의미이고 또 하나는 다른 분자와 '반응하기 어렵다'는 의미예요. 방향족은 두 가지 의미에서 안정적이에요. 방향족은 확실하게 반응성이 낮은 화합물이지만 또 한편으로 특정 반응이 쉽게 이루어져요. 이것 역시 방향족의 특성이에요.

● 벤젠이 정확한 육각형인 이유

구조면에서 보았을 때의 큰 특징은 단일 결합과 이중 결합의 길이가 같다는 점이에요. 보통 단일 결합과 이중 결합을 비교했을 때 이중 결합이 더 짧아요. 아래 표에 다양한 화합물의 단일 결합과 이중 결합의 결합 거리를 비교해 보았어요. 콘쥬게이션 화합물의 부타디엔 역시 단일 결합과 이중 결합에서는 길이가 달라져요.

하지만 벤젠에서는 단일 결합과 이중 결합의 구별이 없어요. 그래서 벤젠의 구조는 표 오른쪽과 같이 정육각형 안에 ○로 표시하기도 해요.

화합물 / 거리 (10^{-8} cm)	에테인 H_3C-CH_3	에틸렌 $H_2C=CH_2$	부타디엔 $H_2C=CH-CH=CH_2$	벤젠 
C–C 거리	1.53	–	1.48	1.40
C=C 거리	–	1.34	1.36	1.40

프린세스가
꽤 늦네……
……
선생님 저에게도 공부를 가르쳐 주세요.
어?
앞으로 이야기가 어떻게 될지 너무 궁금해요.
안정된 구조를 유지하면서 자신과 다른 원자를 **치환하는 반응**만 일어나요.
다른 원자를 추가하거나 자신의 원자를 줄이거나 하면 오히려 안정성을 잃어 버리는데
그렇다면……
콘쥬게이션을 갖는 방향족의 안정성이란? 다시말해 화학 반응이 한정적이 된다는 것이에요.
게다가 흥미로운 것이 벤젠의 육각형 구조인데, 단일 결합과 이중 결합은 결합 거리가 다름에도 불구하고 실험실에서 관찰된 벤젠은 실제로 모두 같은 거리의 정육각형을 나타내고 있어요. 그야말로 모순이 아닐 수 없지요?
이것을 해결한 것이 바로 '공명 이론'이라는 거예요.
과거의 수수께끼가 드디어 풀린 거지요.
쿨~쿨~

Column

개인적인 이야기이지만 저는 '우메보시(일본식 매실 장아찌)'를 못 먹어요. 레몬도 마찬가지로 제가 먹을 수 있는 범위를 넘는 것 같아요. '신맛'을 떠올리기만 해도 눈을 찌푸릴 정도예요.

하지만 야채 피클은 잘 먹어요. 그러니까 신맛 나는 모든 것을 못 먹는 것은 아니지요.

이유를 눈치챘나요? 바로 '신맛'의 종류가 달라서예요. 우메보시나 레몬의 신맛은 구연산에 의한 것이고, 피클이나 초밥 등은 식초, 즉 초산에 의한 '신맛'이에요.

즉 저는 초산은 좋아하지만 구연산은 잘 못 먹는다는 이야기가 되지요. 다른 사람들에게 물어보면 반대로 초산은 잘 못 먹지만, 구연산은 좋아한다는 사람도 있어요.

그래서일까요? 저는 체내에 들어가면 초산으로 산화되는 음료 에탄올을 아주 좋아해요.

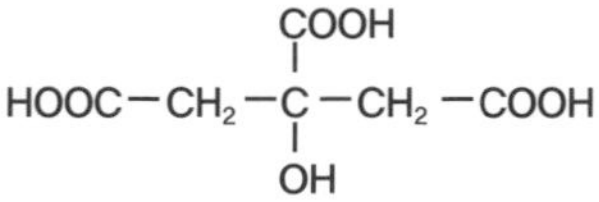

구연산

CH_3-COOH

초산

제 4 장

기초적인 반응

분자의 특징은 변화하는 데 있어요. 이를 화학 반응이라고 해요. 유기 분자는 특히 반응하기 쉬운 분자예요. 반응에는 많은 종류가 있는데 기본적으로 치환 반응, 제거 반응, 첨가 반응, 산화 환원 반응이 있어요.

1 화학 반응으로 변하는 것은 '결합'

● 결합의 절단

화학 반응은 요컨대 '결합의 절단과 생성'이라고 할 수 있어요. 원자단A와 원자단B가 공유 결합으로 결합하면 A와 B 사이에는 전자쌍이 존재해요. 즉 단일 결합을 나타내는 결합손, '1개의 직선'은 '전자쌍 = 2개의 전자'와 같아요.

결합이 절단될 때 전자쌍은 한쪽의 원자단 A를 따라가요. 전자쌍을 받은 A는 전자가 과잉되어 음이온 A^-가 돼요. 전자쌍을 받지 못한 B는 반대로 전자가 부족하여 양이온 B^+가 돼요. 유기 화학에서는 아래의 표와 같이 **굽은 화살표**를 기호 위에 적어서 전자쌍의 움직임을 나타내요.

● 결합의 생성

음이온과 양이온 사이에 결합이 생성될 때에는 음이온의 전자쌍이 양이온에 가까이 가요.

아래 표에서 음이온에서 양이온으로 향하는 굽은 화살표는 '전자쌍의 움직임'을 나타내며 원자단의 기계적인 이동을 나타내는 것은 아니에요. 이러한 화학 반응에서의 일련의 프로세스를 **반응 메커니즘**이라고 해요.

절단	이온으로 표기	$A - B \longrightarrow A^- + B^+$
	전자쌍으로 표기	$A \colon B \longrightarrow \ddot{A} + B$
생성	이온으로 표기	$A^- + B^+ \longrightarrow A - B$
	전자쌍으로 표기	$\ddot{A}^- + B^+ \longrightarrow A \colon B$

이전 결합의 절단과 새로운 결합의 생성이란 무엇인가?

그것은 바로 **전자의 이동**을 말해요.

결합의 절단과 생성
=
전자의 이동

반응식에 **굽은 화살표**를 써서 전자쌍의 움직임을 보다 알기 쉽게 나타내요.

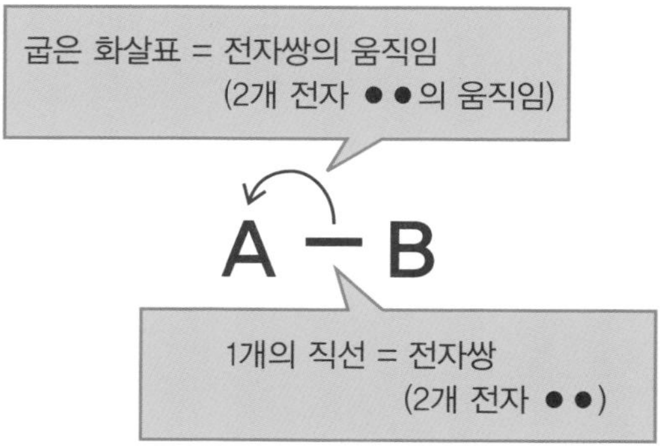

2 고리의 모양이 변하는 반응

● 전자 고리화 반응

아래 그림에서 화합물 ❶을 가열하면 ❷가 돼요. 이 반응의 특징은 결합 위치가 굽은 화살표로 나타낸 것처럼 이동한다는 것이에요. 그 결과 출발 물질 ❶에서 결합이 없었던 C_1–C_6 사이에 결합이 생겨요. 이처럼 결합이 움직여서 고리가 닫히거나 열기는 반응을 **전자 고리화 반응**(Electrocyclic reaction)이라고 해요.

❶에서 ❷로 진행하는 반응에서는 사슬 형태 화합물이 고리 형태 화합물이 되기 때문에 **고리 닫힘 반응**이라고 하고, ❷에서 ❶로 진행하는 반응은 **고리 열림 반응**이라고 불러요.

● 코프 자리 옮김과 클라이젠 자리 옮김

화합물 ❸을 가열하면 화합물 ❹가 돼요. ❸과 ❹는 뒤집으면 같은 구조를 가지기 때문에 실제로 화학 반응이 일어나는지 아닌지는 알 수 없어요. 그래서 화합물 ❺를 이용하면 생성물은 ❻이 되어서 확실하게 반응이 일어나는 것을 알 수 있어요.

발견자의 이름을 따서 ❸과 ❹의 반응을 '**코프 자리 옮김**(Cope rearrangement)'이라고 하고, ❺와 ❻의 반응을 '**클라이젠 자리 옮김**(Claisen rearrangement)'이라고 해요.

❶ ❷ ❸ ❹ ❺ ❻

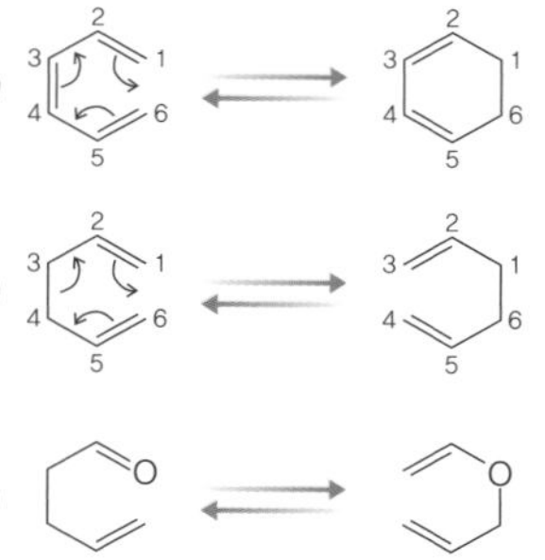

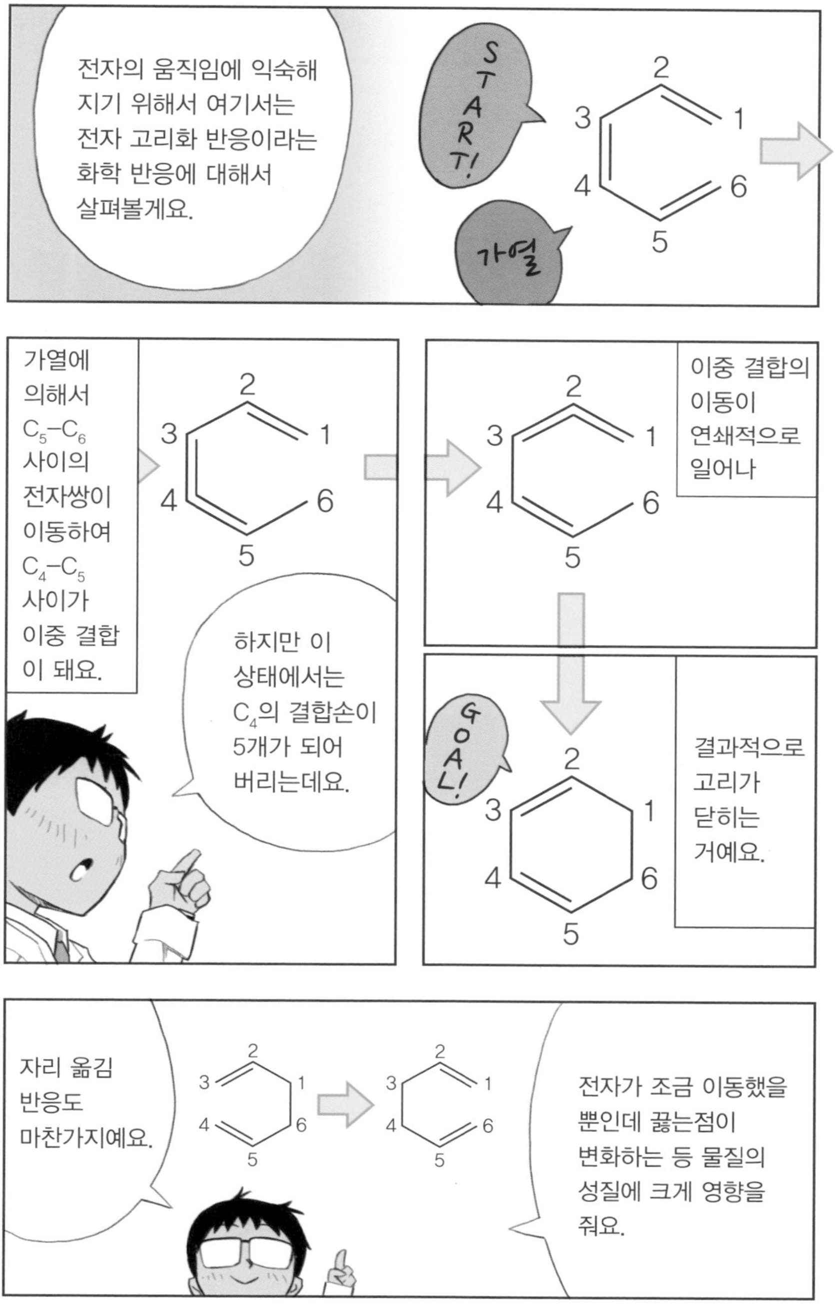
전자의 움직임에 익숙해 지기 위해서 여기서는 전자 고리화 반응이라는 화학 반응에 대해서 살펴볼게요.
START!
가열
2 1 3 4 6 5
가열에 의해서 C_5–C_6 사이의 전자쌍이 이동하여 C_4–C_5 사이가 이중 결합이 돼요.
2 1 3 4 6 5
하지만 이 상태에서는 C_4의 결합손이 5개가 되어 버리는데요.
이중 결합의 이동이 연쇄적으로 일어나
2 1 3 4 6 5
GOAL!
결과적으로 고리가 닫히는 거예요.
2 1 3 4 6 5
자리 옮김 반응도 마찬가지예요.
2 1 3 4 6 5
2 1 3 4 6 5
전자가 조금 이동했을 뿐인데 끓는점이 변화하는 등 물질의 성질에 크게 영향을 줘요.

3 치환 반응이란 바꾸어 놓는 반응

● 치환 반응

치환 반응(Substitution reaction)은 아래의 식 1에 나타낸 바와 같이 치환기 X가 치환기 Y로 바뀌는 반응이에요. 시약 Y^-가 기질 R-X를 '공격'하여 X를 밀어내고 대신 자신이 결합하여 R-Y가 돼요. **기질**(본래의 물질) R-X를 **시약**(기질과 반응하는 물질) Y를 이용하여 R-Y로 변화시키는 것이기도 해요. 치환 반응은 간단한 반응이지만, 치환기를 바꾸는 것만으로 화합물을 완전히 바꾸는 반응이라고 할 수 있어요.

● 치환 반응의 여러 가지

간단한 치환 반응의 예를 아래 그림에 나타내 보았어요. 알코올과 염화수소의 반응에서는 OH가 Cl로 바뀐 염화 알킬이 생성돼요. 반응 조건을 바꾸면 전혀 반대의 반응이 일어나요. 즉, 염화 알킬에 수산화물 이온 OH^-를 반응시키면 알코올이 생성돼요.

염화 알킬에 암모늄 음이온NH_2^-을 반응시키면 아민이 생성돼요. 시약에는 여러 가지가 있어요.

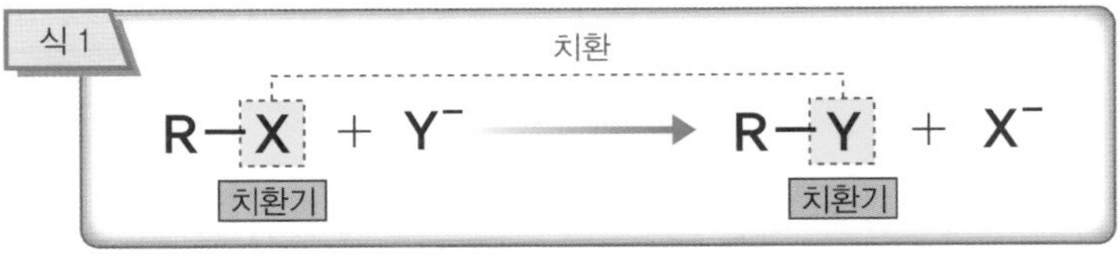

$$R-OH + Cl^- \longrightarrow R-Cl + OH^-$$
알코올 → 염화 알킬

$$R-Cl + OH^- \longrightarrow R-OH + Cl^-$$
염화 알킬 → 알코올

$$R-Cl + NH_2^- \longrightarrow R-NH_2 + Cl^-$$
염화 알킬 → 아민

4장 기초적인 반응

두 분자 사이의 반응에서는 일반적으로 작은 쪽 분자를 **시약**이라고 하고
기질
+
시약
큰 쪽의 분자를 **기질**이라고 취급할 때가 많아요.
치환 반응은 기질에 포함된 치환기와 시약을 말 그대로 바꾸는 반응이에요.
알킬기
R
이온화
X
Y
결합이 끊긴 치환기는 이온이 돼요.
반대로 X⁻를 시약으로 사용하면 원래대로 돌아가요.
R
X
Y
R
폼일기
페닐기
제3장에서 살펴본 것처럼 치환기는 유기 화합물의 성질을 결정짓기 때문에 생성물은 원래의 성질에서 전혀 다른 성질로 변화해요.
치환 반응은 반응 전후로 봤을 때 단순한 '바꾸기'이지만
반응 메커니즘에는 여러 가지가 있기 때문에 다음에 자세히 설명할게요.
반응 메커니즘
바꾸기……

4 전자를 제공하는 반응

● 먼저 일분자 친핵성 치환 반응

여러 가지 치환 반응이 있지만 대표적인 것은 **일분자 친핵성 치환 반응** (S_N1)과 **이분자 친핵성 치환 반응** (S_N2)예요.

S_N1 반응은 아래 그림과 같이 2단계로 진행해요. 우선 치환기 X가 X^-로서 이탈하여 중간체 ❷가 생성돼요. 이 과정은 일분자적, 다시 말해서 분자 ❶이 누구의 손도 빌리지 않고 반응하기 때문에 일분자 반응이라고 말해요.

다음에 중간체 ❷를 Y^-가 공격하면 생성물 ❸이 생성돼요. 이 Y^-처럼 상대의 (+)전하를 공격하는 시약을 **친핵성 시약**이라고 해요. 친핵의 '핵'이라는 말은 원자핵을 의미하며 (+) 전하를 요구하는 시약이라는 의미예요. 그에 따른 친핵성 반응이 일분자 반응으로 일어나기 때문에 일분자 친핵성 치환 반응이라고 해요.

중간체 ❷는 아래 그림에 나타낸 것처럼 평면형 구조예요. 그래서 시약 Y^-는 a, b 어느 쪽에서도 공격할 수 있어요. a쪽에서 공격하면 생성물은 3a가 되고, b쪽에서 공격하면 3b가 돼요. 이들은 거울상 이성질체이며 거울상 이성질체 2종의 1 : 1 혼합물을 **라세미체**라고 해요. 다시 말해서 S_N1 반응에서는 라세미체가 생성돼요.

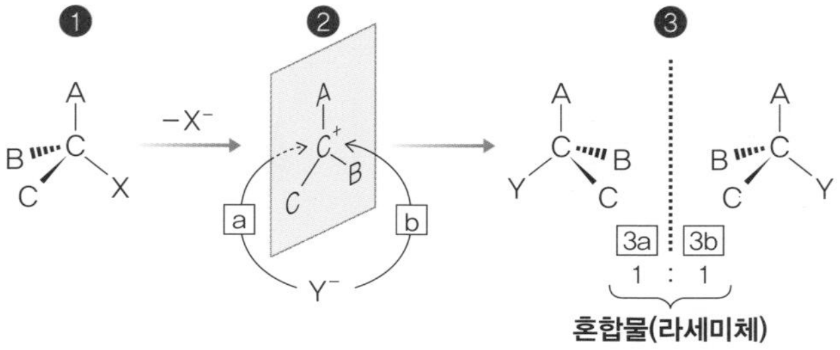

화학 반응은 반응에 관여하는 분자의 수에 따라서 분류가 가능해요.

일분자 반응	1개 분자가 스스로 다른 분자로 변화하여 진행
이분자 반응	2개 분자가 반응하여 다른 분자로 변화한다.

또한 시약도 작용에 따라서 분류가 가능해요.

친핵성 시약	기질의 (+) 부분을 공격하여 전자를 주고 결합한다. **= 친핵성 공격**
친전자성 시약	기질의 (−) 부분을 공격하여 전자를 빼앗고 결합한다. **= 친전자성 공격**

치환(**S**ubstitution) 반응 중에서 일분자에서 친핵(**N**ucleophilic) 공격을 거쳐서 진행하는 반응을 일분자 친핵성 치환(S_N1) 반응이라고 불러요.

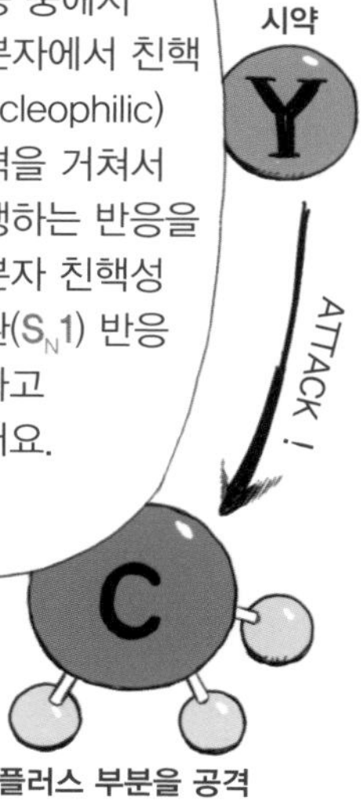

S_N1 반응은 2단계로 진행

① 치환기 X가 음이온으로서 해리한다.

$$R-CH_2-X \longrightarrow R-CH_2^+ + X^-$$

(해리: X → X^-; $R-CH_2^+$: 양이온 중간체)

② 다른 치환기 Y가 음이온으로서 친핵성 공격을 한다.

$$R-CH_2^+ + Y^- \longrightarrow R-CH_2-Y$$

(친핵성 공격: Y^- → CH_2^+; $R-CH_2^+$: 양이온 중간체, $R-CH_2-Y$: 최종 생성물)

5 분자의 충돌로 시작되는 치환 반응

● 이분자 친핵성 치환 반응(S_N2 반응)

S_N2 반응은 출발 물질(반응전의 물질)의 분자와 음이온 Y^-을 포함한 분자가 충돌하여 진행해요. 때문에 이분자 반응이라고 불러요. S_N2 반응은 1단계로 진행해요.

구조식에서 Y^-에서 나온 굽은 화살표는 Y^-의 전자쌍이 공격하고 있는 것을 나타내요. 또 결합 C–X에서 X로 향하는 화살표는 결합 C–X의 결합 전자쌍이 X로 이동하여 X^-의 전자쌍이 되어 분자에게서 떨어져 가는 것을 나타내요.

● 발덴 반전(Walden inversion)

S_N2 반응에서 공격 시약 Y^-는 이탈기 X의 뒤쪽에서 X를 밀어내듯이 공격해요. 이 때문에 출발 물질의 분자는 입체 구조가 반전해요. 마치 우산이 바람에 젖혀져서 반전하는 것 같은 모양이에요. 이것을 발견자의 이름을 따서 발덴 반전이라고 해요.

거울상 이성질체의 한쪽을 이용한 S_N2 반응에서는 생성물도 거울상 이성질체 한쪽만 생겨요. 단, 입체 구조는 출발 물질의 반대가 돼요.

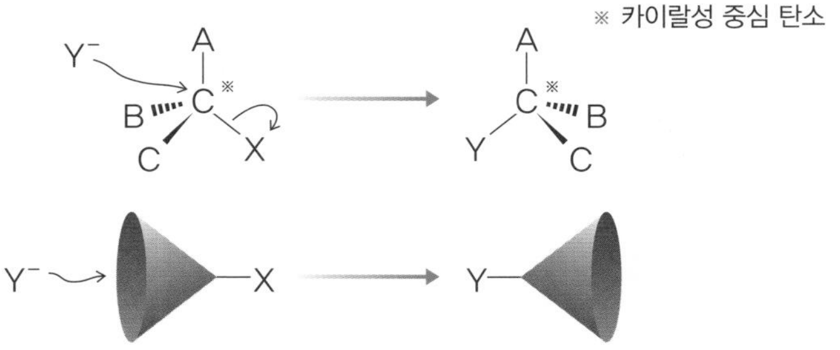

4장 기초적인 반응

앞에서 살펴본 S_N1 반응은 한 분자에서 2단계로 진행하는 경우이고 S_N2 반응은 두 분자에서 1단계로 반응이 진행해요.
R−CH₂−X + Y⁻ → R−CH₂−Y + X⁻
최종 생성물
으~음
S_N1 반응은 이탈기 X의 해리 후에 Y^-가 공격하므로 2단계 반응, S_N2 반응은 **Y^-의 공격에 의해서 이탈기 X가 해리하므로** 1단계 반응이라고 간주해요.
S_N1 반응
기질
(해리)
양이온 중간체
시약
최종 생성물
S_N2 반응
기질
시약
(해리)
최종 생성물
자, 보세요. S_N2 반응에서는 중간체가 생성되어 있지 않지요?
어쨌거나
제대로 변하면 되는 거지요?
프린세스!
마법을 사용하기 전에 다 같이 한 번 더 해봐요.
차라도 한 잔 하면서
으 응 ……

6 제거 반응은 창업과 같다?

● 제거 반응

큰 분자의 일부가 작은 분자로 떨어져 나가는 반응을 **제거 반응**(Elimination reaction)이라고 해요. 대기업에 다니던 사람이 독립하여 새로 회사를 차리는 것에 비유할 수 있어요. 식 1과 같이 이탈기 X를 갖는 분자에서 분자 HX가 제거되고 나서 이중 결합이 돼요.

이중 결합에 이탈기 X가 붙은 분자에서 HX가 제거되면 삼중 결합이 생성돼요.

● 탈수 반응

제거되는 분자가 물인 경우 **탈수 반응**이라고 해요. 전형적인 것은 알코올에서 H_2O가 제거되어 알켄이 되는 반응이에요.

예를 들어 이분자의 알코올에서 일분자의 물이 제거되면 에터가 생겨요. 이와 같은 탈수 반응을 **분자간 탈수**라고 해요. 분자의 양 끝에 하이드록시기를 갖는 화합물이 탈수 반응을 일으키면 고리 형태의 에터가 돼요.

식 1

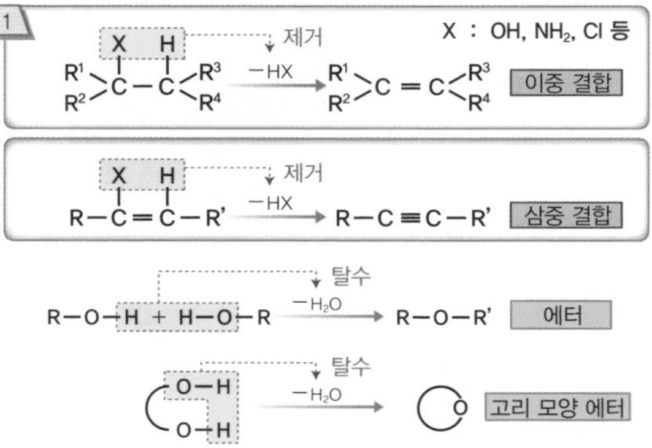

다음에 설명할 것은 **제거반응**이에요.
큰 분자의 일부가 작은 분자가 되어 이탈해요.
이탈되는 원자단을 **이탈기**라고 해요.
큰 분자
이탈기
이탈기가 되기 쉬운 것
• 하이드록시기(−OH)
• 아미노기($-NH_2$)
• 할로젠 원자
포인트는 이탈기가 이탈된 후 남게 되는 결합손이에요.
남은 손은 분자 내부에 새로운 결합을 만들게 될 텐데요.
때문에 제거 반응은 이처럼 유기 화합물을 바꾸어 만들어 버린답니다.
제거 반응 전 분자
제거 반응 후 분자
단일 결합
이중 결합
이중 결합
삼중 결합
참고로 이탈한 분자가 결합하여 물이 되는 경우, 이것을 특별히 탈수 반응이라고 해요.

7 제거 반응은 어떻게 진행될까?

● 일분자 제거 반응(E1 반응)

제거 반응의 전형적인 것이 **일분자 제거 반응(E1 반응)**과 **이분자 제거 반응(E2 반응)**이에요.

E1 반응은 아래 그림과 같이 2단계로 진행해요. 우선 이탈기 X가 X^-로서 해리하여 양이온 ❷가 돼요. ❶의 굽은 화살표는 C-X 결합의 전자쌍이 X로 이동하여 X^-로서 떨어져 나가는 것을 나타내요.

또한 ❷에서 H^+가 해리되어 ❸이 돼요. ❷의 굽은 화살표는 C-H 결합의 결합 전자쌍이 C-C 결합에 이동하는 것을 나타내요. 그 결과 전자쌍이 증가하여 C-C의 이중 결합이 돼요.

● 이분자 제거 반응(E2 반응)

E2 반응에서는 출발 물질과 시약 B^-의 두 분자가 반응에 관여해요.

반응은 아래 그림 ①의 굽은 화살표와 같이 B^-의 전자쌍이 H를 공격해요. 이를 받아서 C-H 결합의 전자쌍이 C-C 결합으로 이동하여 C=C 이중 결합을 형성해요. 그 결과 C-X 결합의 전자쌍이 X로 이동하기 때문에 X는 X^-로서 해리되고 ②가 돼요.

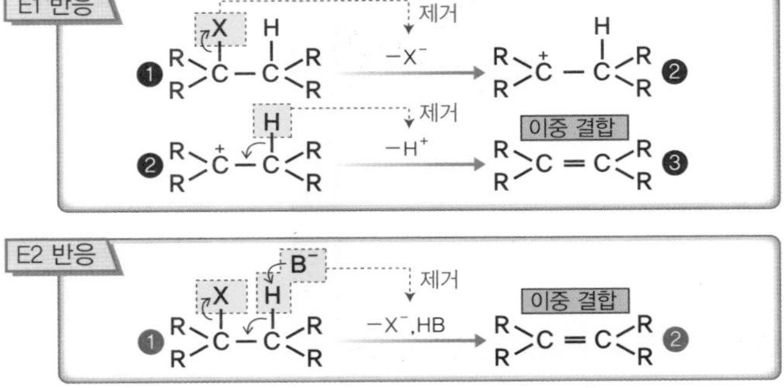

제거(Elimination) 반응에도 치환 반응과 마찬가지로 한 분자에서 진행하는 E1 반응과 두 분자에서 진행하는 E2 반응이 있어요.
E1 반응의 제1단계는 제4장 4에서 살펴본 S_N1 반응과 같아요. 즉 양이온 중간체를 생성해요.
E1 반응
기질
(제거)
양이온 중간체
시약 없음
(제거)
최종 생성물
E2 반응
기질
시약
(제거)
최종 생성물
E2 반응도 S_N2 반응과 마찬가지로 시약의 친핵성 공격에 의해 비로소 이탈이 진행돼요.
중간체에서 더 이탈하거나 아니면 치환되거나 하는 것은 중간체의 안정성이나 다른 복잡한 조건이 서로 얽혀 있어요.
제거 반응이므로 사용된 시약이 치환기로 바뀌는 것은 아니에요.
어느 쪽 반응 메커니즘이라도 단일 결합→이중 결합으로 변한다는 것을 90쪽 그림의 반응식을 보면 알 수 있어요.

8 수소가 첨가되는 반응

● 촉매 환원

분자에 다른 분자가 결합하여 1개의 분자가 되는 반응을 첨가 반응이라고 해요. 대표적인 예는 이중 결합에 수소 분자가 첨가되어 단일 결합이 되는 반응이며, 이를 **촉매 환원** 또는 **수소화**라고 해요. 이 반응은 금속의 **촉매**(반응을 활성화시키지만 반응 전후에서 자신은 변화하지 않는 물질)를 필요로 하는 것이 특징이에요.

촉매 환원은 삼중 결합에서도 일어나서 이중 결합이 생성되는데 반응은 더욱 진행하여 최종적으로는 단일 결합이 돼요.

삼중 결합의 촉매 환원에서는 아래의 그림과 같이 2가지 구조를 생각할 수 있어요. ❶시스체와 ❷트랜스체예요. ❶은 2개의 수소 원자가 삼중 결합의 같은 쪽에서 첨가한 것이고, ❷는 반대쪽에서 첨가했다고 가정한 것이에요. 여기서 실제로 생성된 것은 ❶시스체뿐이에요. 트랜스체는 생성되지 않아요. 이와 같은 첨가 반응을 시스 첨가라고 해요. 또 생성물의 가능성으로 여러 종류의 분자가 있을 수 있는데 이 중에서 특정 분자만 생성되는 반응을 **선택성**이 있는 반응이라고 해요.

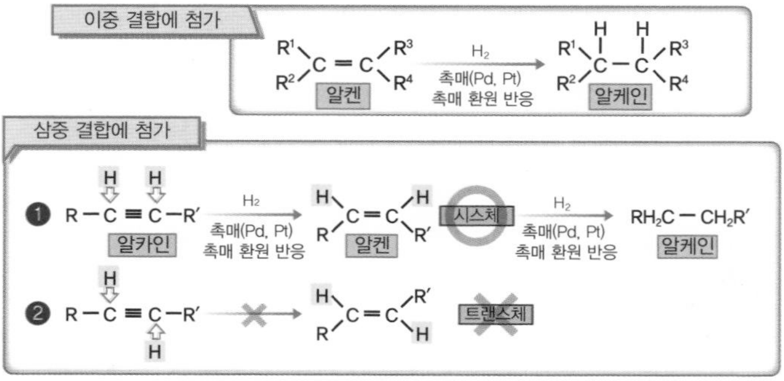

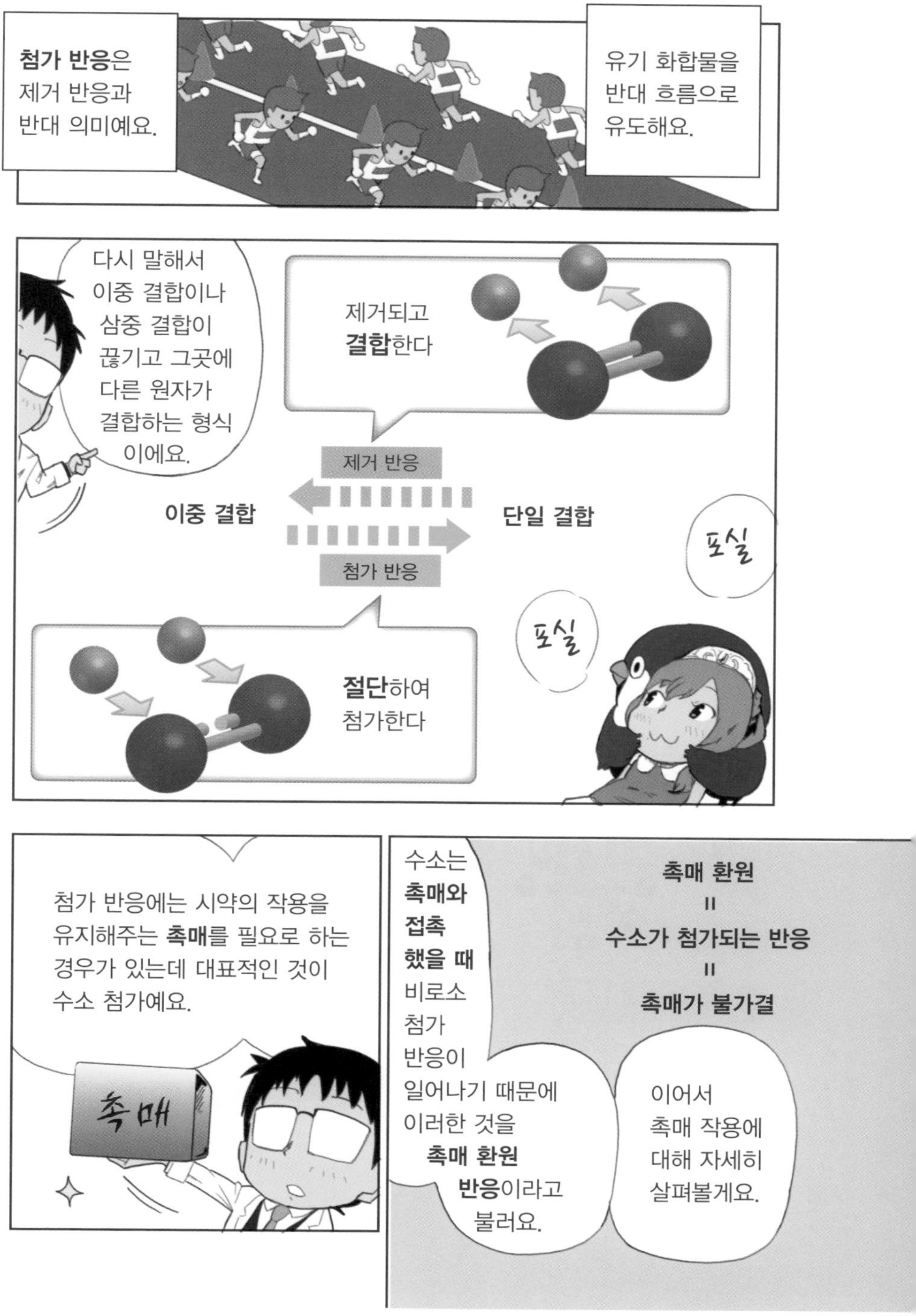
첨가 반응은 제거 반응과 반대 의미예요.
유기 화합물을 반대 흐름으로 유도해요.
다시 말해서 이중 결합이나 삼중 결합이 끊기고 그곳에 다른 원자가 결합하는 형식이에요.
제거되고 **결합**한다
제거 반응
이중 결합
단일 결합
첨가 반응
절단하여 첨가한다
포실
포실
첨가 반응에는 시약의 작용을 유지해주는 **촉매**를 필요로 하는 경우가 있는데 대표적인 것이 수소 첨가예요.
촉매
수소는 **촉매와 접촉했을 때** 비로소 첨가 반응이 일어나기 때문에 이러한 것을 **촉매 환원 반응**이라고 불러요.
촉매 환원
=
수소가 첨가되는 반응
=
촉매가 불가결
이어서 촉매 작용에 대해 자세히 살펴볼게요.

9 시스체만 생성되는 것은 왜일까?

● 금속 결정의 표면에는

촉매 환원의 생성물은 왜 시스체만 있을까요? 이유는 금속의 촉매에 원인이 있어요.

금속은 결정이며 많은 원자가 쌓여서 생겨요. 결정 내부의 원자는 상하, 좌우, 전후 6개의 원자와 결합하는데 표면의 원자는 결합손이 1개 남아요. 여기에 수소 분자가 가까이 오면 금속과 약한 결합이 생성돼요. 그 결과 원래 있었던 H-H 사이의 결합이 약해져요. 이와 같은 상태의 수소는 반응성이 높기 때문에 **활성 수소**라고 불려요.

● 나열한 수소가 기질에 붙는다

이처럼 수소에 기질이 모이면 활성 수소가 여기에만 첨가돼요. 즉 삼중결합과 같은 쪽으로 첨가하게 되는 거예요. 때문에 시스체만 생기는 거예요.

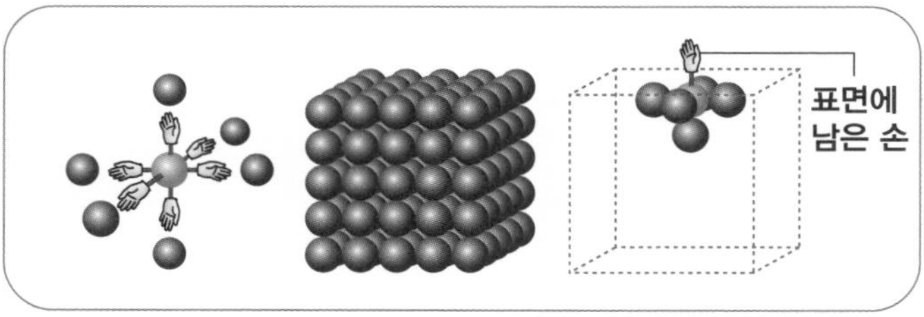

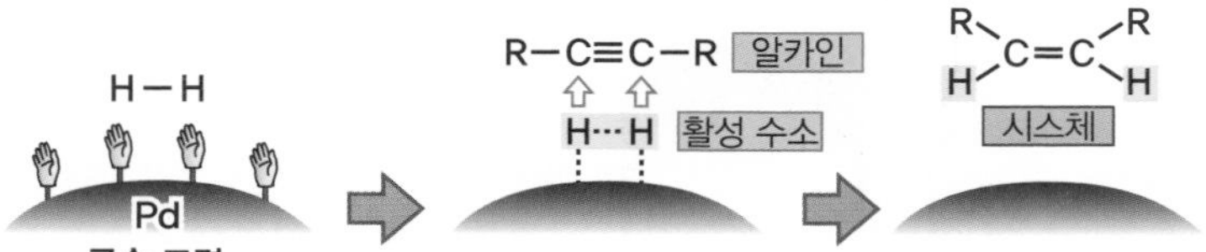

드르륵-
저기요!
누구 세요?
아~ 요즘 금속의 정점에 계신 메탈님 이세요.
아, 안녕하세요 ……
저, 촉매에 대해서 한 말씀…
촉매란
Pd (팔라듐)
Pt (백금)
자신은 변화하지 않고 일련의 화학 반응을 촉진시켜주는 물질을 말해요.
촉매 환원에서는 촉매가 수소를 활성화 시켜서
기질
H
첨가
일시적으로 결합
금속 촉매
첨가 가능한 상태로 만들어 줘요.
반응이 끝나면 촉매는 아무런 관여도 하지 않아요.
……
남은 손을 일시적으로 빌려만 주었기 때문에 구조의 변화도 없어요.
이 반응에서 시스체만 생성되는 이유는 수소가 반드시 촉매 표면에 나열되어 반응하기 때문이에요.
드르륵-
휙-
휙-
어 ……?
아마도 촉매 화신 이었나봐요. 활성화되었을까요?

10 트랜스체가 생기는 반응

● 브로민과 알켄의 반응

브로민Br은 이중 결합이나 삼중 결합과 쉽게 반응하여 첨가체를 제공하는 성질이 있어요. 하지만 알켄 ❶에 브로민을 첨가하면 브로민이 트랜스에 첨가한 ❸만 생성되고 시스에 첨가한 ❷는 생성되지 않아요. 이와 같은 반응이 **트랜스 첨가**예요.

● 트랜스체가 되는 이유

브로민 분자Br_2는 Br^-과 Br^+로 분해돼요. 그리고 Br^+이 C=C 결합을 구성하는 2개의 결합손 중에서 1개와 반응해요. 이 결과 2개의 탄소와 1개의 브로민 양이온이 삼각형을 만드는 모양으로 악수한 변칙적인 양이온 중간체 ❹가 생겨요.

다음으로 ❹를 Br^-가 공격해요. 하지만 분자 윗면에는 Br^+가 결합하고 있으므로 Br^-은 분자 아랫면에서 공격할 수밖에 없어요. 즉 2개의 브로민 원자는 이중 결합의 위쪽과 아래쪽, 서로 반대쪽 면에서 공격하게 돼요.

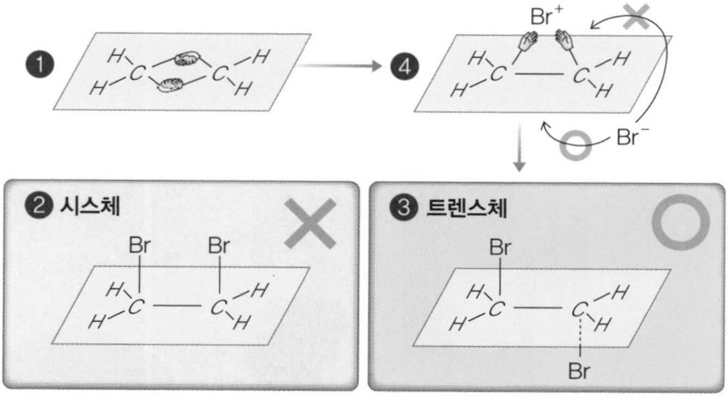

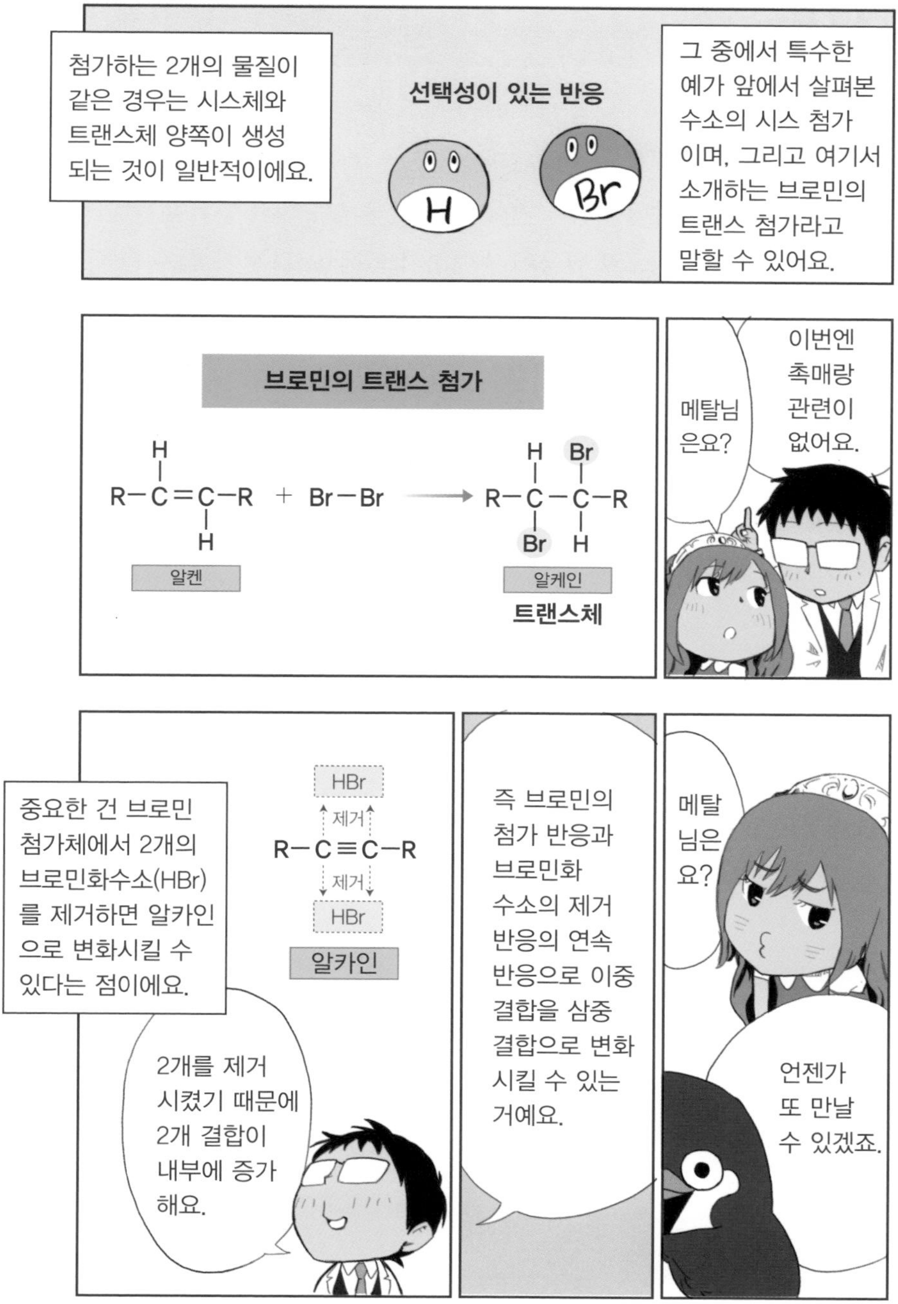

첨가하는 2개의 물질이 같은 경우는 시스체와 트랜스체 양쪽이 생성되는 것이 일반적이에요.
선택성이 있는 반응
H
Br
그 중에서 특수한 예가 앞에서 살펴본 수소의 시스 첨가이며, 그리고 여기서 소개하는 브로민의 트랜스 첨가라고 말할 수 있어요.
브로민의 트랜스 첨가
R−C=C−R (H, H) + Br−Br → R−C−C−R (H, Br / Br, H)
알켄
알케인
트랜스체
이번엔 촉매랑 관련이 없어요.
메탈님은요?
중요한 건 브로민 첨가체에서 2개의 브로민화수소(HBr)를 제거하면 알카인으로 변화시킬 수 있다는 점이에요.
HBr
제거
R−C≡C−R
제거
HBr
알카인
2개를 제거시켰기 때문에 2개 결합이 내부에 증가해요.
즉 브로민의 첨가 반응과 브로민화 수소의 제거 반응의 연속 반응으로 이중 결합을 삼중 결합으로 변화시킬 수 있는 거예요.
메탈님은요?
언젠가 또 만날 수 있겠죠.

11 물도 첨가 반응을 한다

● 이중 결합과의 반응

물은 물질을 녹여 수용액이 되거나 탈수 반응으로 생기거나 할 뿐 아니라, 시약으로서 적극적으로 반응에 관여하기도 해요. 그 예가 첨가 반응이에요.

물이 알켄에 첨가되면 알코올이 돼요. 에틸렌에 물이 첨가되면 에탄올이 돼요. 이것은 에탄올을 화석 연료에서 공업적으로 합성하는 반응 중 하나예요.

● 삼중 결합과의 반응

흥미로운 것은 물과 삼중 결합의 첨가 반응이에요. 이 반응은 아래 그림과 같이 우선 전형적인 방식으로 진행하여 비닐 알코올 유도체 ❶이 생겨요. 비닐 알코올은 일반적으로 엔올형이라고 불리며 불안정하기 때문에 그 유도체(주요 구조나 성질은 같지만 조금 다른 물질)도 역시 불안정해요.

그래서 바로 안정한 케토형인 케톤 ❷로 이성질체화해요. 이것을 케토 엔올 토토머화(Keto-enol tautomerism)라고 해요.

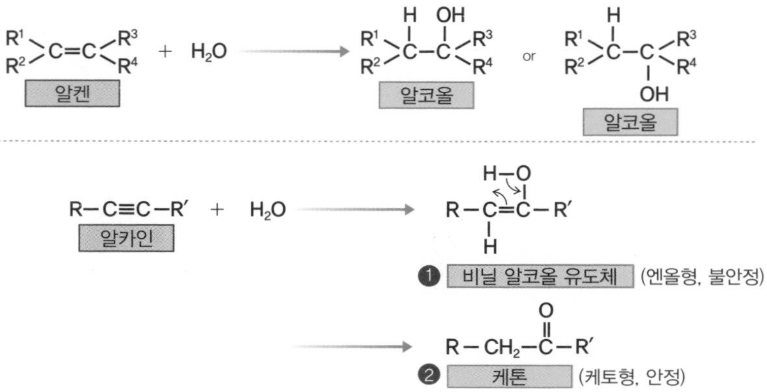

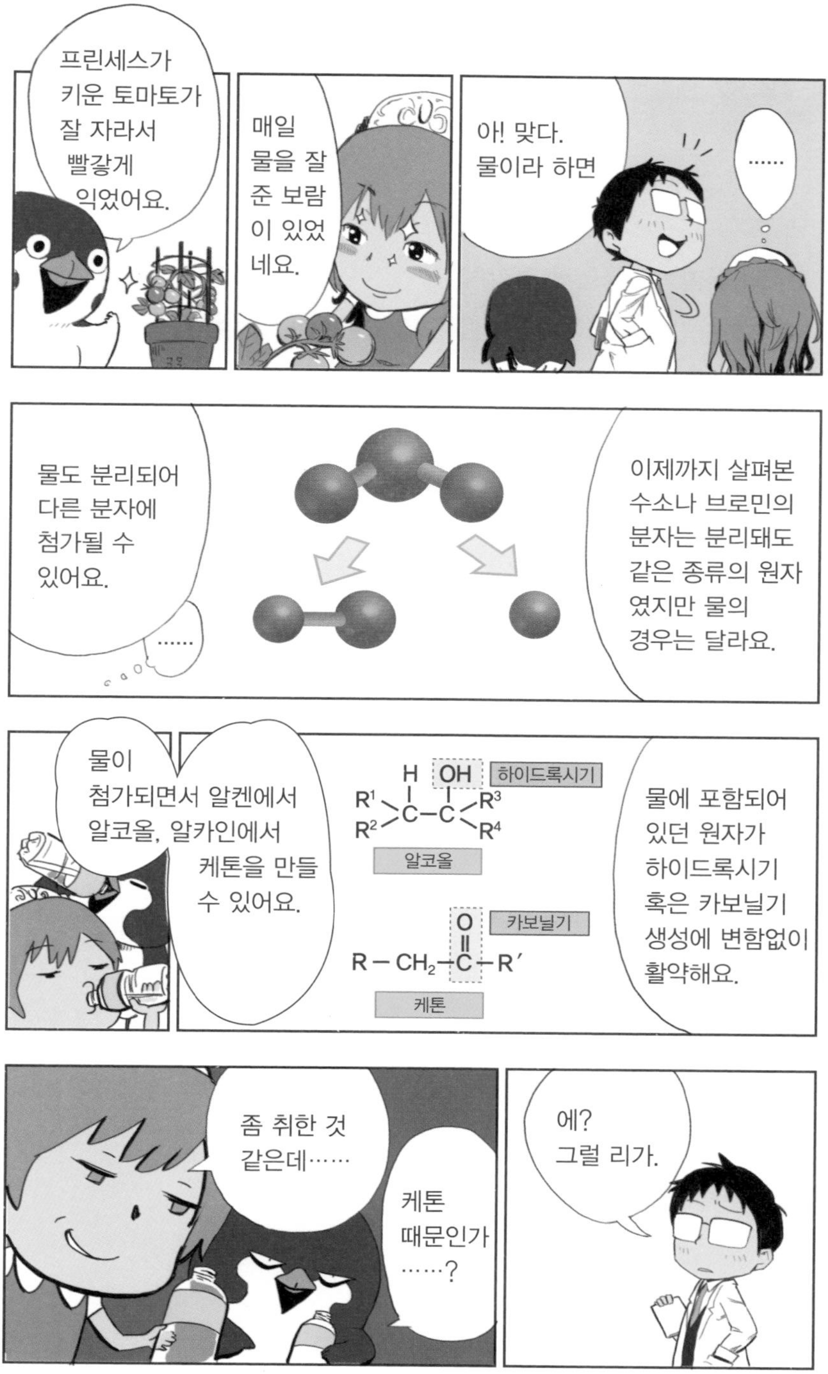

프리세스가
키운 토마토가
잘 자라서
빨갛게
익었어요.
매일
물을 잘
준 보람
이 있었
네요.
아! 맞다.
물이라 하면
……
물도 분리되어
다른 분자에
첨가될 수
있어요.
……
이제까지 살펴본
수소나 브로민의
분자는 분리돼도
같은 종류의 원자
였지만 물의
경우는 달라요.
물이
첨가되면서 알켄에서
알코올, 알카인에서
케톤을 만들
수 있어요.
H OH 하이드록시기
R1 C–C R3
R2 R4
알코올
O 카보닐기
R – CH2 – C – R′
케톤
물에 포함되어
있던 원자가
하이드록시기
혹은 카보닐기
생성에 변함없이
활약해요.
좀 취한 것
같은데……
케톤
때문인가
……?
에?
그럴 리가.

⑫ 고리 형태가 되는 첨가 반응

① 딜스-알더 반응(Diels - Alder reaction)

2개의 분자가 2곳에서 결합하여 고리 형태의 생성물을 만드는 반응을 고리화 첨가 반응이라고 해요. 아래 그림의 부타디엔 ❶과 에틸렌 ❷가 고리 형태로 첨가되어 사이클로 헥센 ❸이 되는 이 반응은 발견자의 이름을 따서 딜스-알더 반응이라고 해요.

아래 그림처럼 탄소에 번호를 매기면 C_1-C_6, C_4-C_5가 결합하는 것을 알 수 있어요.

② 복잡한 구조가 되는 반응

또 한가지, 사이클로 펜타디엔 ❹와 무수말레산 ❺의 반응에 대해 살펴볼게요. 이처럼 반응과 무관한 부분 구조를 갖는 화합물에서는 실제의 반응 부위를 찾아내는 일이 중요해요. 색으로 표시한 위치에 부타디엔과 에틸렌이 감춰져 있는 것을 알 수 있어요. 이 부분에도 번호를 매겨서 C_1-C_6, C_4-C_5를 결합하고, 남은 부분 구조를 더 해주면 생성물 ❻이 돼요.

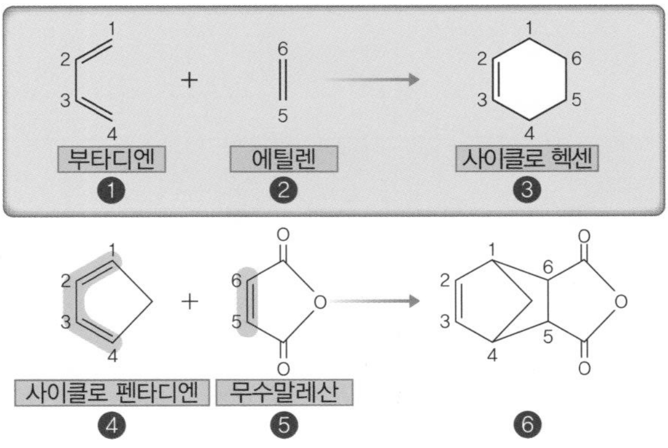

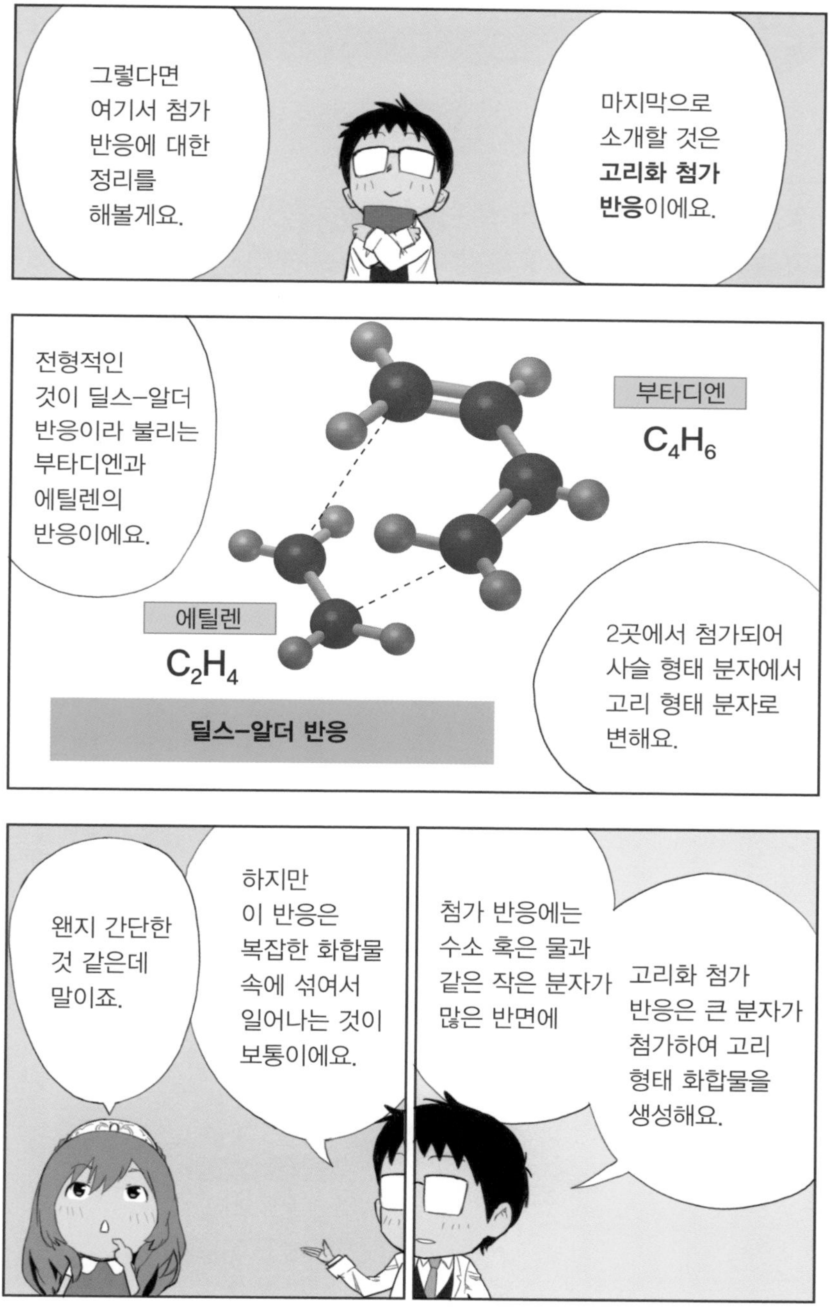
그렇다면 여기서 첨가 반응에 대한 정리를 해볼게요.
마지막으로 소개할 것은 **고리화 첨가 반응**이에요.
전형적인 것이 딜스–알더 반응이라 불리는 부타디엔과 에틸렌의 반응이에요.
부타디엔
C_4H_6
에틸렌
C_2H_4
딜스–알더 반응
2곳에서 첨가되어 사슬 형태 분자에서 고리 형태 분자로 변해요.
왠지 간단한 것 같은데 말이죠.
하지만 이 반응은 복잡한 화합물 속에 섞여서 일어나는 것이 보통이에요.
첨가 반응에는 수소 혹은 물과 같은 작은 분자가 많은 반면에
고리화 첨가 반응은 큰 분자가 첨가하여 고리 형태 화합물을 생성해요.

13 산소를 주고받는 반응

① 산화와 산화 작용

산화·환원 반응에는 여러 가지가 있어요. 그러나 전형적인 것은 산소를 주고받는 것과 관련한 반응이에요. 산소를 분자 내에 받아들였을 때 그 분자는 '산화되었다'고 말해요.

예를 들어 과카복실산은 카복실산의 하이드록시기-OH를 -OOH로 치환한 거예요. 그 1개 많은 산소를 다른 물질에 주기 때문에 강한 산화 작용을 가져요. 아래 그림에 알켄을 산화하는 예를 나타냈어요.

② 다이올 생성

산화 오스뮴(Ⅷ)이라 불리는 사산화 오스뮴OsO_4은 알켄을 산화시키는 데 자주 사용돼요. 중간체로서 오각형의 오스뮴산 에스터가 생기며 생성물은 2개의 하이드록시기-OH가 분자의 같은 면에 붙은 시스체가 돼요.

이처럼 2개의 하이드록시기가 나란히 결합한 알코올을 1,2-다이올이라고 해요.

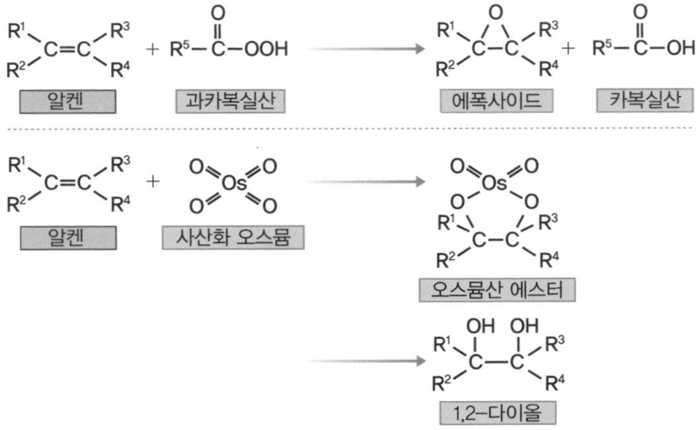

제4장의 마지막에서는 산소가 관여하는 **산화 환원 반응**을 살펴볼게요.
O
산소를 주고 받는 반응이 전형적이에요.
산소를 주는 것을 산화라고 해요.
o
즉 산화와 환원은 '같은 현상을 어느 쪽 입장에서 볼 것인가' 하는 이야기로 반드시 세트가 되는 말이에요.
o
동시에 **산소를 빼앗는 것**을 환원이라고 해요.
산화적인 성질
산화시킨다
환원된다
산화제
산소(O)의 이동
환원적인 성질
산화된다
환원시킨다
환원제
중요한 것은 서로의 입장이 아니라 '실제로 산소가 어디에서 어디로 움직이는가?' 하는 것이에요.
이동하는 방향에 주목하면 산화제와 환원제를 혼동하는 일은 없겠지요.

14 산화로 이중 결합을 절단!

과망간산 포타슘$KMnO_4$도 강력한 산화제예요. 이것과 C=C 결합을 반응시키면 이중 결합이 절단되어 2개의 C=O 결합이 돼요. 아래 설명과 그림을 봐주세요.

Ⓐ 4치환체(치환기가 4개 있는 물질)의 경우: 이중 결합을 한 탄소에 2개씩의 알킬기가 붙어 있는 알켄을 산화시키면 2분자의 케톤이 생성돼요(제5장 참조).

Ⓑ 2치환의 경우: 이중 결합을 한 탄소에 1개씩의 알킬기가 붙은 알켄을 산화시키면 알데하이드를 거쳐서 2분자의 카복실산이 생성돼요(제5장 참조).

Ⓒ 무치환의 경우: 에틸렌을 산화시키면 2분자씩의 이산화 탄소와 물이 돼요.

Ⓓ 응용 예: 알킬기를 여러 개 가진 알켄을 산화시키면 Ⓐ, Ⓑ, Ⓒ 어느 한쪽에 해당하는 산화물이 생성돼요.

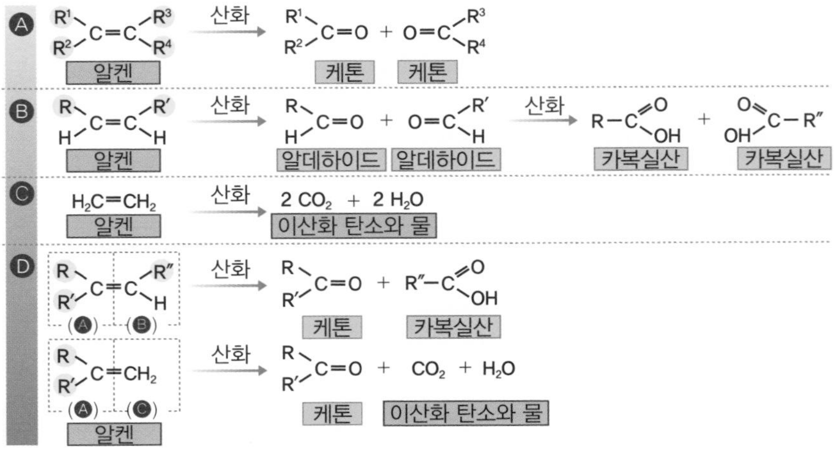

C=C 결합은
산화되기 쉬우며
반응 후에는
그 이중 결합이
절단된 생성물을
만들어요.

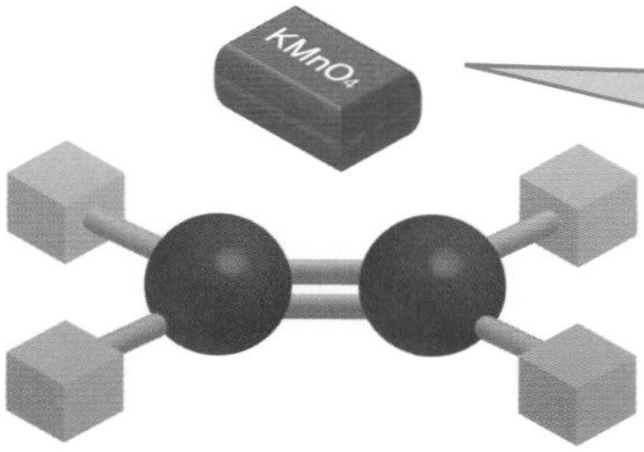

산화제로
과망간산
포타슘을
사용한 경우에
대해서
살펴볼게요.

포인트 ①

C=C 결합은 절단된다

포인트 ②

절단 후의 탄소는
받은 산소와의 사이에서
C=O 결합을 만든다

포인트 ③

? 에 들어갈 알킬기의
수에 따라서 생성물도
정해진다

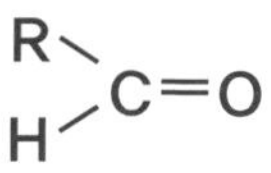

알데하이드

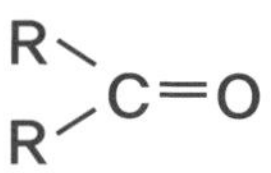

케톤

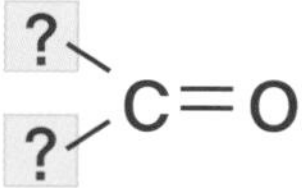

이것을 알기
쉽게 104쪽
그림으로
정리했어요.

Column

'술을 마신다'는 것은 에탄올을 섭취하는 거예요. 술을 잘 마시는 사람은 혈중 에탄올 농도가 조금 올라가면 대뇌 신피질의 움직임이 억제되어 감정 등을 관장하는 뇌변연계가 활발해져서 얼근히 취한 상태가 돼요.

에탄올은 간장에 있는 알코올 탈수소 효소에 의해 산화되어 아세트알데하이드가 돼요. 이렇게 하여 에탄올이 줄어 술이 깨는 거예요.

또한 아세트알데하이드는 아세트알데하이드 탈수소 효소에 의해 산화되어 초산이 되며 최종적으로 이산화 탄소와 물이 돼요.

아세트알데하이드에는 독성이 있는데 흔히 숙취라고 하는 두통과 구토 등의 원인이 되기도 해요. 이를 점차 초산으로 바뀌어 가면 좋을 것 같지만 아세트알데하이드 탈수소 효소가 작용하는 정도는 개인차가 크며 유전적으로 거의 정해져 있어요. 만일 아세트알데하이드를 대사하기 어려운 체질이라면 적은 양의 음주도 위험해요. 남에게 권해서도 안 돼요. 술은 아무쪼록 주량껏 즐기는 게 좋겠지요.

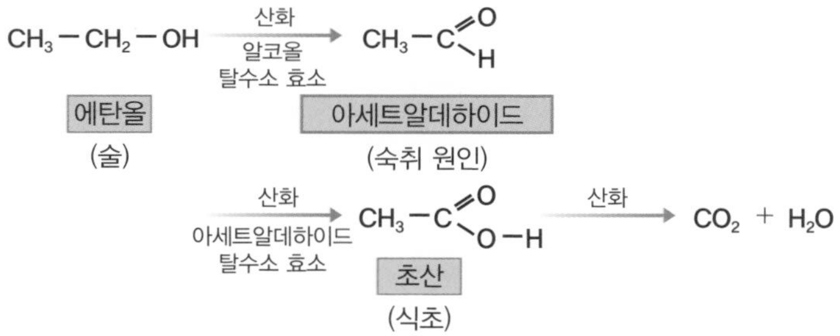

제 5 장

응용적인 반응

유기 분자는 복잡한 반응을 통해 뜻밖의 새로운 분자로 변화하는 경우가 있어요. 그러나 이와 같은 반응도 결국은 기초적인 반응이 조합된 것이에요. 특별히 중요한 반응에는 발견자의 이름을 붙이기도 해요.

1 케톤 및 알데하이드를 합성하기 위해서는?

● 알코올의 산화

C=O 결합을 갖는 화합물을 카보닐 화합물이라고 하며 케톤, 알데하이드, 카복실산이 있다는 것은 제3장에서 살펴보았어요. 여기서는 복습을 겸하여 케톤과 알데하이드의 합성법에 대해 알아볼게요.

1차 알코올을 산화시키면 알데하이드가 돼요(보통 반응은 알데하이드에서 멈추지 않고 카복실산까지 산화돼요). 한편 2차 알코올을 산화시키면 케톤이 돼요.

● C=C 결합을 산화 반응으로 절단

1개의 탄소에 1개의 알킬기가 붙은 이중 결합을 산화 반응에 의해 절단, 즉 산화시키면 알데하이드가 돼요(위와 마찬가지로 최종적으로는 카복실산이 돼요).

1개의 탄소에 2개의 알킬기가 붙은 이중 결합을 산화시키면 그 탄소 부분은 케톤이 돼요.

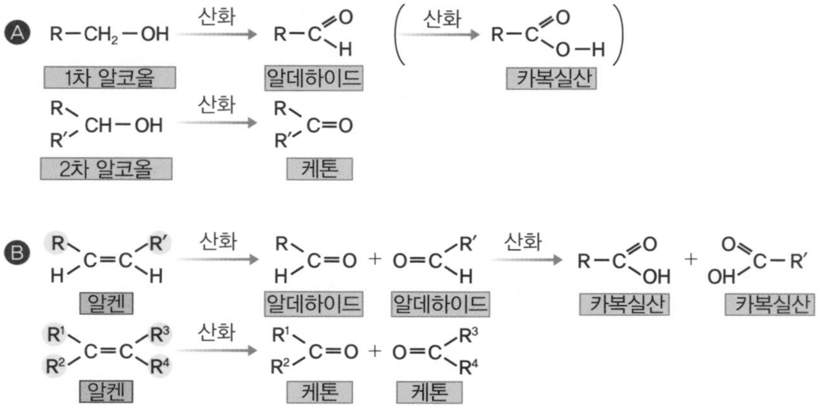

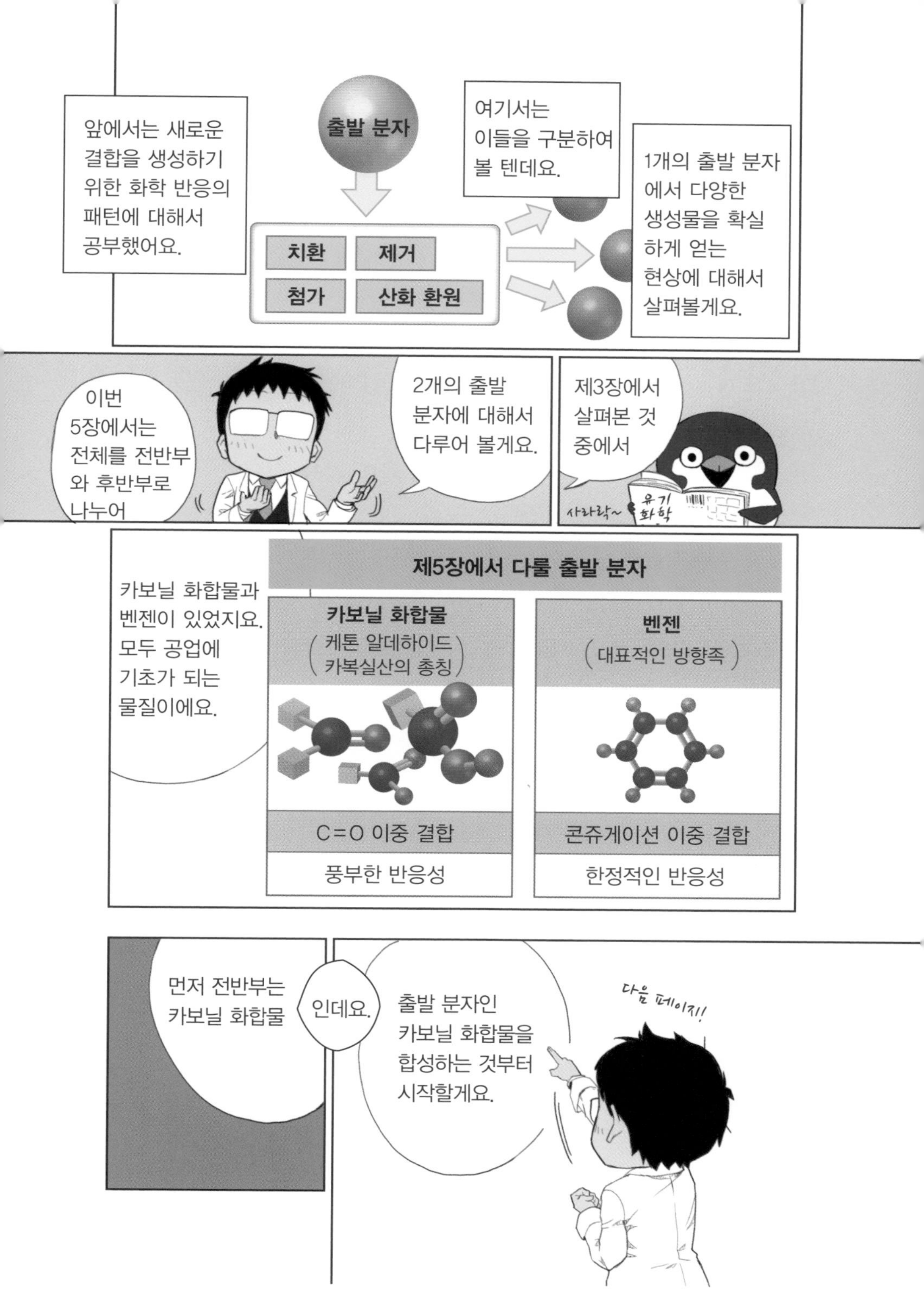

앞에서는 새로운 결합을 생성하기 위한 화학 반응의 패턴에 대해서 공부했어요.
출발 분자
치환
제거
첨가
산화 환원
여기서는 이들을 구분하여 볼 텐데요.
1개의 출발 분자에서 다양한 생성물을 확실하게 얻는 현상에 대해서 살펴볼게요.
이번 5장에서는 전체를 전반부와 후반부로 나누어
2개의 출발 분자에 대해서 다루어 볼게요.
제3장에서 살펴본 것 중에서
사라락~
유기 화학
카보닐 화합물과 벤젠이 있었지요. 모두 공업에 기초가 되는 물질이에요.
제5장에서 다룰 출발 분자
카보닐 화합물
(케톤 알데하이드 카복실산의 총칭)
C=O 이중 결합
풍부한 반응성
벤젠
(대표적인 방향족)
콘쥬게이션 이중 결합
한정적인 반응성
먼저 전반부는 카보닐 화합물
인데요.
출발 분자인 카보닐 화합물을 합성하는 것부터 시작할게요.
다음 페이지!!

2 카복실산을 합성하려면?

● 알코올, 알데하이드의 산화

카복실산의 카복실기-COOH는 탄소 화합물로서는 이산화 탄소 다음으로 거의 최대한까지 산화된 형태예요. 따라서 카복실산을 합성하기 위해서는 탄소 화합물을 완전히 산화시키면 돼요.

제5장 1에서 살펴보았듯이 1차 알코올을 산화시키면 알데하이드가 되며, 알데하이드를 산화시키면 카복실산이 돼요.

● C = C 결합의 산화

1개의 탄소에 1개의 알킬기가 붙은 이중 결합을 산화시키면 알데하이드를 거쳐서 카복실산이 돼요. 또 나프탈렌을 오산화 바나듐(V_2O_5)으로 산화시키면 2가의 카복실산인 프탈산이 생성돼요.

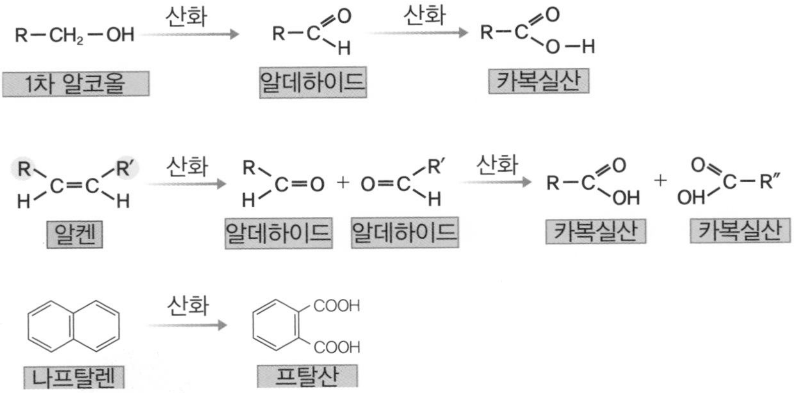

앞에서
살펴본 케톤과
알데하이드의
합성법을 정리하면
다음과 같아요.

알코올을 산화	
종류	생성물
1차 알코올	알데하이드
2차 알코올	케톤

C = C 이중 결합을 산화	
C = C 결합의 알킬기	생성물
각 탄소에 1개	알데하이드
4개	케톤

알데하이드는
환원성이 강한
물질로 산화되기가
쉬워요.

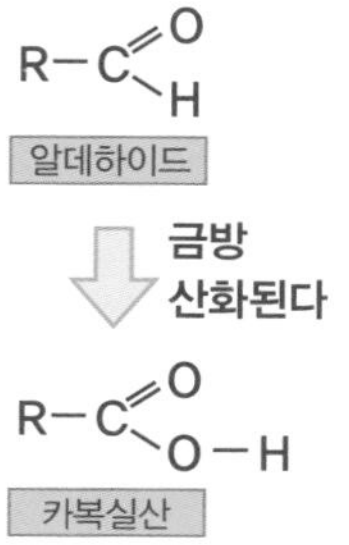

카복실산은 알데하이드를
산화시킨 물질이므로
그 합성은 알데하이드를
합성하는 연장선으로
생각하면 돼요.

카보닐 화합물의 준비는 산화 반응으로

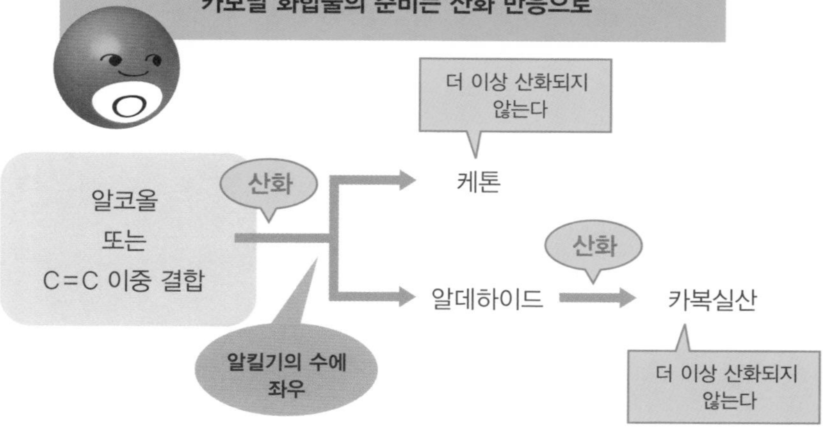

이렇게 해서 카보닐
화합물이 준비되었어요.
자, 이들을 출발 물질로 해서
살펴볼까요.

3 C=O 결합을 산화·환원하면?

● C = O 결합의 환원

어떤 물질이 산소와 결합하거나 수소를 빼앗겼을 때 그 물질은 **산화되었다**고 말해요. 반대로 산소를 빼앗기거나 수소와 결합했을 때 그 물질은 **환원되었다**고 해요.

케톤을 수소로 환원하면 2차 알코올이 돼요. 알데하이드와 카복실산을 환원하면 1차 알코올이 돼요.

● C = O 결합의 산화

알데하이드는 산화되면 카복실산이 돼요. 한편 케톤과 카복실산은 이미 충분히 산화되어 있으므로 그 이상 산화되지 않아요. 하지만 폼산은 예외적으로 폼일기-CHO를 갖기 때문에 알데하이드의 성질을 함께 가지며 환원성을 가져요.

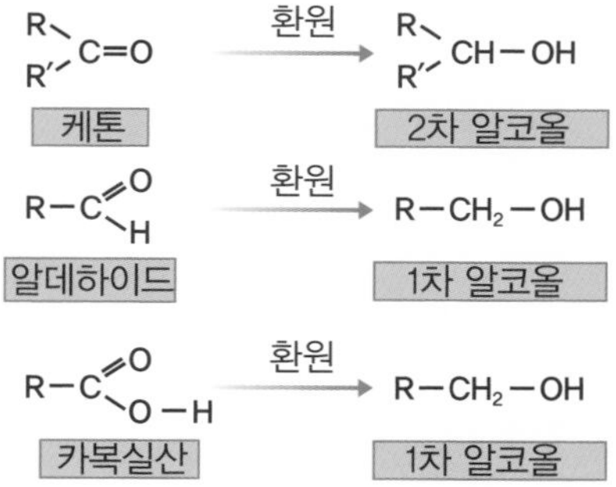

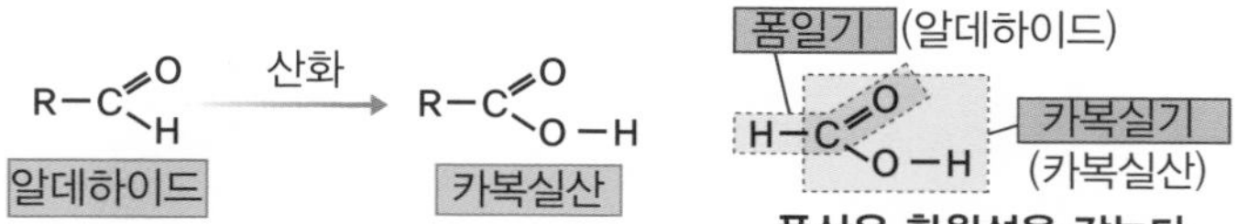

폼산은 환원성을 갖는다

그러면 카보닐 화합물을 출발 물질로 그 풍부한 반응성에 대해서 살펴볼까요?
카보닐 화합물
||
C = O 이중 결합을 갖는 화합물 전체
제4장 13에서는 산화 환원 반응을 산소를 주고 받는 관계로 설명했어요.
하지만 산소가 아닌 **수소를 주고 받는 관계** 역시 산화 환원 반응이라고 불러요.
산화제
산화적인 성질
산화시킨다
환원된다
수소(H_2)의 이동
환원제
환원적인 성질
산화된다
환원시킨다
수소를 받은 물질은 **환원되었다**는 것이 돼요.
수소를 받아 카보닐 화합물을 환원하면 어떻게 될까요?
카보닐 화합물의 환원
H
알킬기가 2개
환원
케톤
2차 알코올
알데하이드
1차 알코올
카복실산
환원
알킬기가 1개
아까와 반대인가?
네 원래의 알코올로 되돌아가요.

4 C=O 결합에 첨가 반응

● 결합 편극과 이온성

카보닐 화합물은 반응성이 높으며 각종 시약과 반응하여 생성물을 만들기 때문에 공업용 원료로도 빼놓을 수 없어요.

C=O 결합을 구성하는 탄소와 산소는 전기 음성도가 각각 3.44, 2.55로 다르기 때문에 결합에 편극이 생겨요. 즉, 탄소는 (+)로 하전되고 산소는 (–)로 하전돼요. 그 결과 카보닐기 > C=O의 탄소는 친핵성 시약의 공격을 받기 쉬워져요.

● C = O 결합에 공격

아래 그림에서 시약 HX와 C=O의 결합 ❶의 반응을 살펴볼게요. HX에서 생성된 친핵성 시약인 X^-는 (+)로 하전된 C를 공격해요(친핵성 공격). 그 결과 C=O 이중 결합을 구성하는 2개의 결합 전자쌍 중에서 1개는 산소 원자 위로 이동하고 이온 중간체 ❷가 생성돼요. ❷에 H^+가 첨가되면 생성물 ❸이 돼요.

이와 같은 반응을 **친핵성 첨가 반응**이라고 해요.

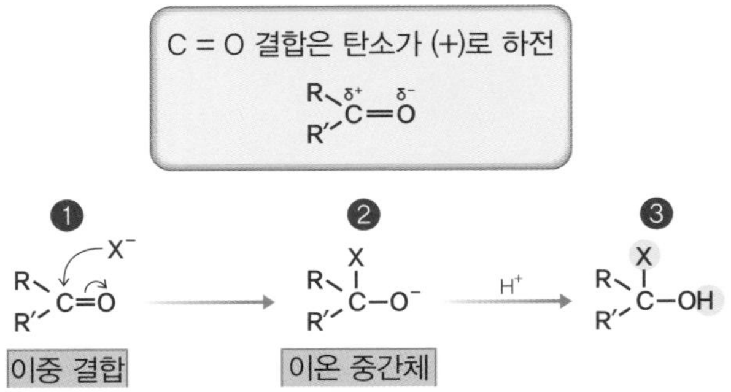

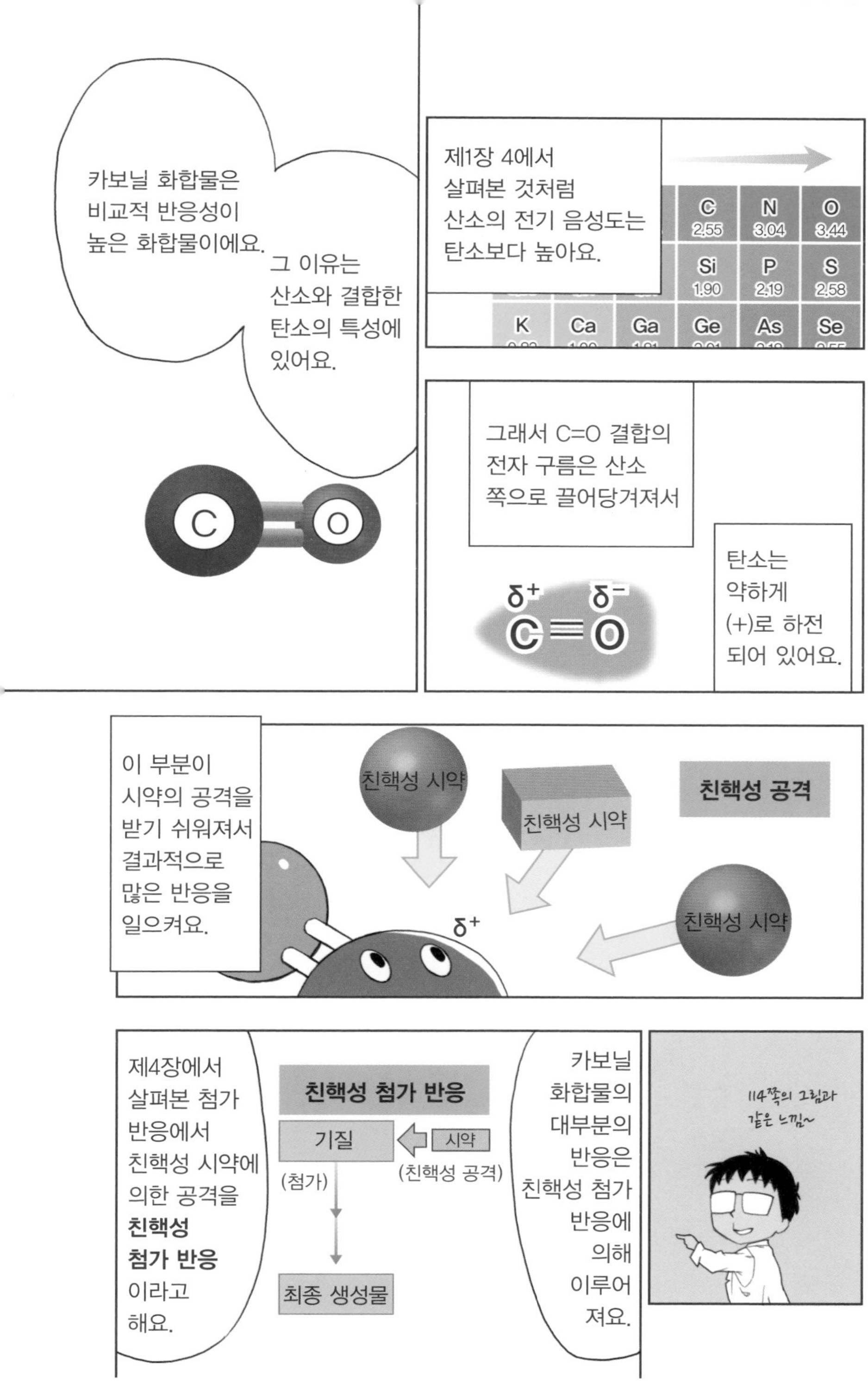
카보닐 화합물은 비교적 반응성이 높은 화합물이에요.
그 이유는 산소와 결합한 탄소의 특성에 있어요.
C
O
제1장 4에서 살펴본 것처럼 산소의 전기 음성도는 탄소보다 높아요.
C 2.55
N 3.04
O 3.44
Si 1.90
P 2.19
S 2.58
K
Ca
Ga
Ge
As
Se
그래서 C=O 결합의 전자 구름은 산소 쪽으로 끌어당겨져서
δ+ δ−
C=O
탄소는 약하게 (+)로 하전 되어 있어요.
이 부분이 시약의 공격을 받기 쉬워져서 결과적으로 많은 반응을 일으켜요.
친핵성 시약
친핵성 시약
친핵성 공격
친핵성 시약
δ+
제4장에서 살펴본 첨가 반응에서 친핵성 시약에 의한 공격을 **친핵성 첨가 반응**이라고 해요.
친핵성 첨가 반응
기질
시약
(친핵성 공격)
(첨가)
최종 생성물
카보닐 화합물의 대부분의 반응은 친핵성 첨가 반응에 의해 이루어져요.
114쪽의 그림과 같은 느낌~

5 알코올 및 아민도 친핵성 시약으로

● 알코올의 첨가 반응

알코올의 산소는 (−)로 하전되어 있어서 친핵성 공격이 가능해요. 아래 그림처럼 알코올이 케톤을 공격하면 이온 중간체 ❶이 돼요. 여기서 H가 이동하면 헤미아세탈 ❷가 돼요.

● 아민의 첨가 반응

아민의 질소도 (−)로 하전되어 있어서, 케톤에 친핵성 첨가되어 이온 중간체 ❸을 거쳐서 중간체 ❹가 생겨요. 하지만 ❹에는 OH와 나란히 질소 위에 H가 존재해요. 때문에 바로 물로 제거되고 C=N 이중 결합을 갖는 ❺가 생성돼요. C=N 결합을 갖는 화합물을 일반적으로 이민이라고 해요.

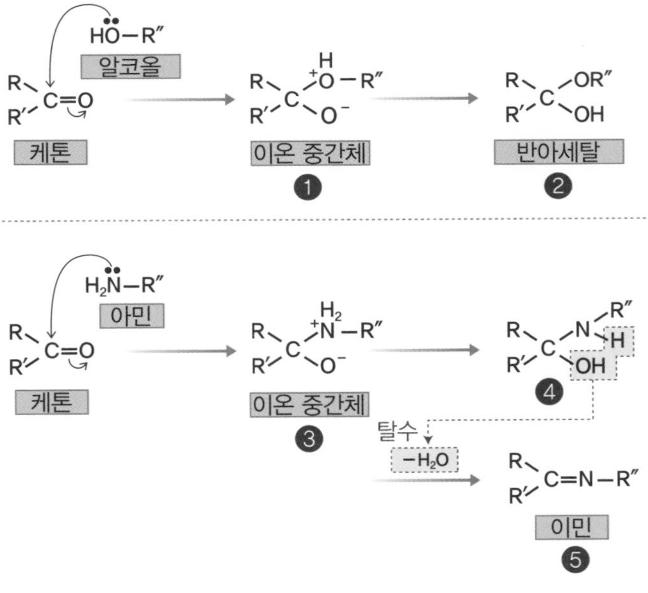

알코올이나 아민은 스스로 친핵성 시약이 되어 카보닐 화합물을 공격할 수 있어요.
δ⁻
R—OH
알코올
하이드록시기
δ⁻
R—NH2
아민
아미노기
각각의 치환기에 포함된 산소나 질소가 (−)로 하전되기 때문이에요.
그런데 왜 마이너스로 하전될까요?
그건 음…… 전기 음성도 때문에?
맞아요! 전기 음성도 순서를 외워 두면 편리하겠지요.
(−)가 되기 쉽다
H 2.20 < C 2.55 < N 3.04 < O 3.44
정답!
포실
알코올이나 아민의 (−) 부분이 카보닐 화합물의 (+) 부분과 서로 끌어당기면서 친핵성 첨가 반응이 일어나서 새로운 유기물로 변화해요.
알코올
아민
헤미아세탈
아민
전기 음성도에 의한 전자의 편중에 주목하기만 해도 카보닐 화합물을 다른 유기물로 바꾸어 만들 수 있어요.
이것이 바로 유기 화학

6 다양한 물질로 작용하는 친핵성 시약

● 발견자의 이름을 딴 그리냐르 시약

강한 친핵성 시약 중에 그리냐르 시약이 있어요. 이를 사용한 반응을 그리냐르 반응(Grignard reaction)이라고 해요. 조작이 간단하고 수율이 좋아서 합성 반응에 자주 이용돼요.

반응은 아래 그림과 같이 3단계로 진행돼요. 즉 ① 그리냐르 시약의 조제, ② 그리냐르 시약과 C = O 결합의 반응, ③ 생성된 중간체의 분해예요.

● 그리냐르 시약의 조제와 반응

금속 마그네슘 Mg에 할로젠화 알킬 ❶을 작용시키면 그리냐르 시약 ❷가 생성돼요. 이는 유기 화합물과 금속이 결합한 시약이며 일반적으로 유기 금속 시약이라고 불러요.

그리냐르 시약은 음이온 R^-와 양이온 MgX^+로 이루어져 있어요. R^-가 ❸카보닐 탄소를 친핵성 공격을 하여 이온 중간체 ❹가 생겨요. ❹를 가수분해 하면 최종 생성물인 알코올 ❺가 생성돼요. 이 반응에 관해서는 193쪽 실험 2 그리냐르 반응에서 자세히 설명할게요.

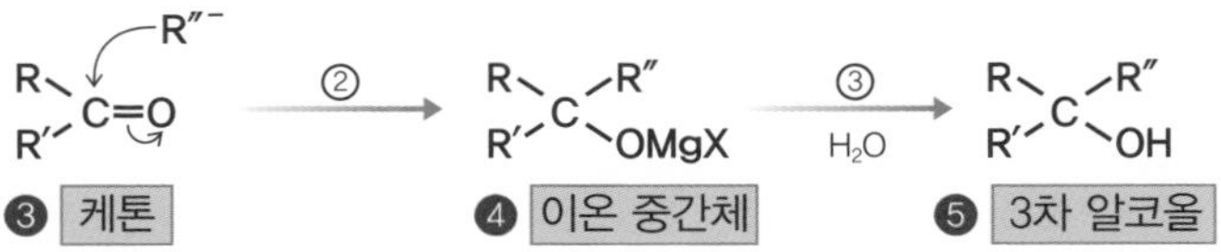

카보닐 화합물에 대해서는 **그리냐르 반응**과 후처리를 하여 각종 알코올로 변화시키는 것이 가능해요.

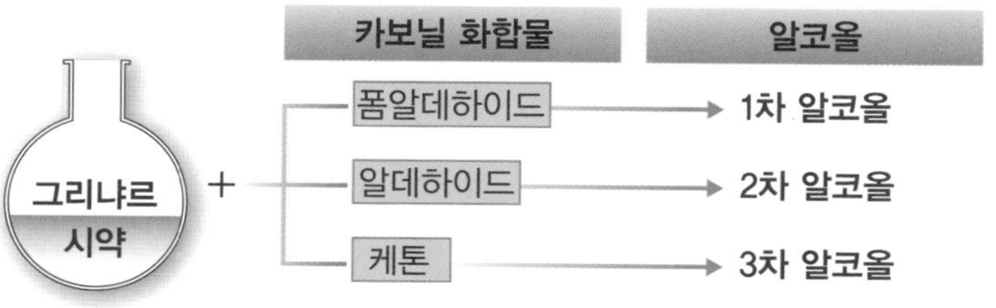

7 벤젠의 친전자성 치환 반응

● 벤젠의 나이트로화

벤젠의 골격은 안정되어 있어요. 그래서 이 골격을 깨뜨리려고 하지 않아요. 즉 첨가 반응으로 이중 결합을 없애거나 제거 반응으로 이중 결합을 늘리거나 하지 않는다는 거예요.

벤젠이 일으키는 반응은 주로 치환 반응이며 대표적인 것으로 **나이트로화**가 있어요. 벤젠에 진한 질산과 진한 황산의 혼합물을 반응시켜서 나이트로 벤젠을 생성하는 거에요.

● 반응 메커니즘

우선 진한 질산에서 생긴 NO_2^+이 벤젠을 공격하여 양이온 중간체가 생성돼요. 이때 NO_2^+가 친자성 시약으로 작용하는데 이 반응을 **친전자성 치환 반응**(S_E 반응)이라고 해요.

아래 그림에서 구조식에 붙은 작은 화살표는 전자쌍의 움직임을 나타내며, 시약의 기계적인 움직임을 나타내는 것은 아니에요. 때문에 화살표는 벤젠의 이중 결합에서 NO_2^+로 향하고 있어요.

중간체에서 H^+가 빠지면 나이트로 벤젠이 생성돼요.

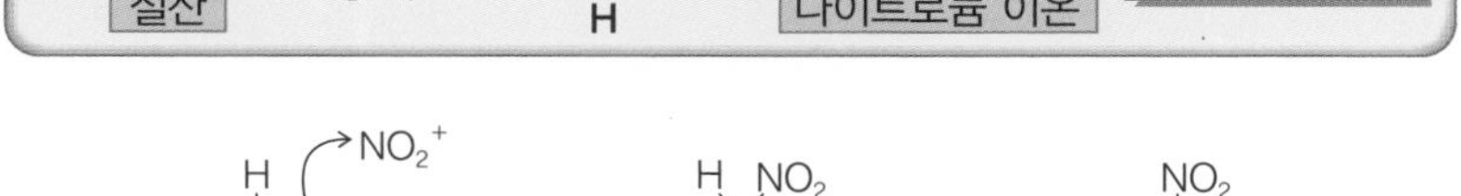

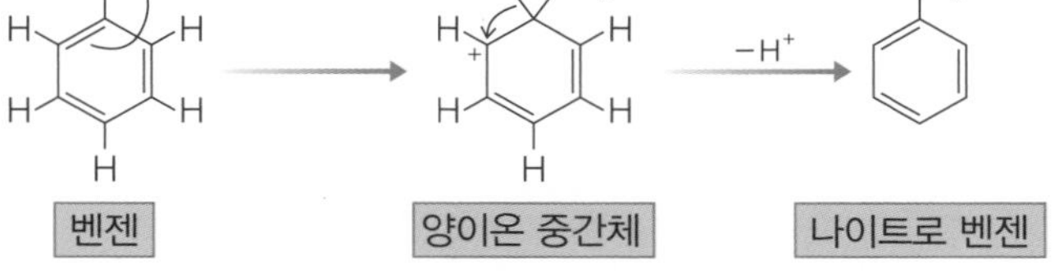

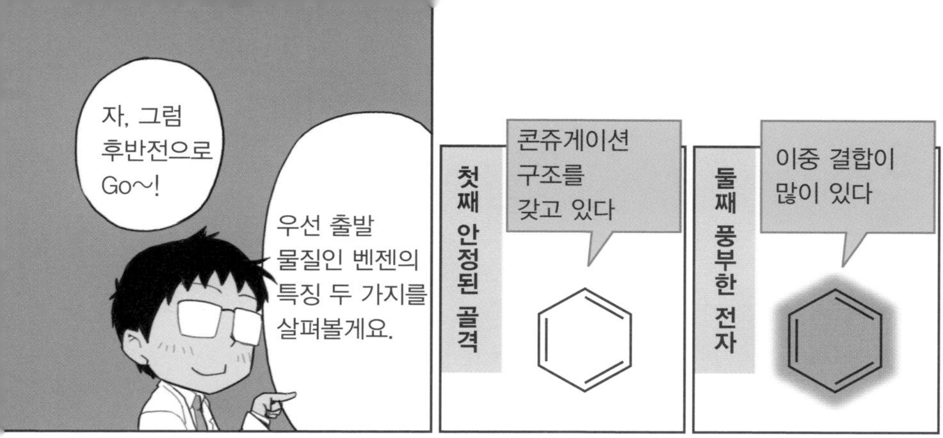

벤젠의 이러한 두 가지 특징이 반응성을 한정해요.

안정된 골격 ⇒ 일부러 골격을 바꾸는 반응(첨가 · 제거)은 하지 않는다. ⇒ 원자의 종류를 바꾸어 놓기만 하는 **치환 반응**을 한다.

풍부한 전자 ⇒ 전자를 더 늘리려는 반응은 하지 않는다. ⇒ 전자를 빼앗으러 오는 **친전자성 시약**의 공격만 받아들인다.

벤젠은 친전자성 치환 반응을 한다

제4장에서는 친핵성 치환 반응 (**S_N 반응**)을 살펴보았어요.
시약이 친핵성 공격을 하는 반응이에요.

시약이 친전자성(Electrophilic) 공격을 하는 것이 친전자성 치환 반응 (**S_E 반응**)이에요.

	종류	시약
치환 반응	**S_N 반응**	**친핵성 시약**
	S_E 반응	**친전자성 시약**

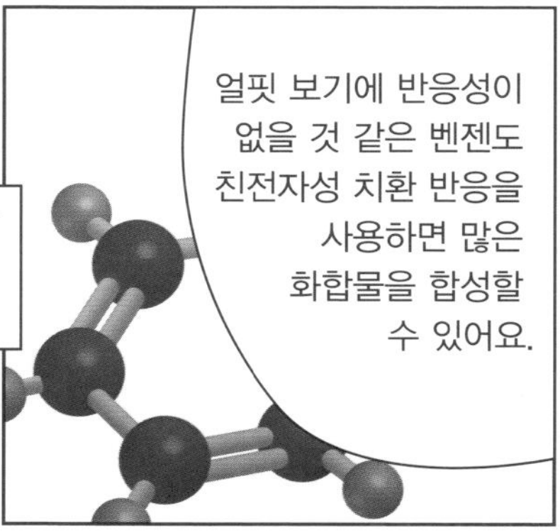

8 방향족 친전자성 치환 반응의 여러가지

● 설폰화

벤젠 고리에 대한 친전자성 치환 반응의 반응 메카니즘은 나이트로화와 동일하게 진행해요. 다른 점은 친전자성 시약 X^+의 구조뿐이에요.

벤젠에 진한 황산을 작용시키면 벤젠 설폰산을 생성해요. 황산에서 생성된 SO_3H^+가 벤젠을 공격하는 거예요. 이러한 일련의 반응을 **설폰화**라고 해요.

● 프리델–크래프츠 알킬화 반응(Friedel – Crafts reaction)

프리델–크래프츠 알킬화 반응은 두 사람의 발견자 이름을 따서 붙여진 반응이에요. 벤젠에 염화 알킬RCl과 염화 알루미늄$AlCl_3$을 반응시키면 알킬 벤젠이 생성된다는 것인데요. 벤젠에 알킬기를 도입(알킬화)하는 반응으로서 중요해요.

반응 메커니즘으로서 우선 RCl과 $AlCl_3$이 반응하여 $[AlCl_4]^-R^+$가 생성돼요. 이 R^+가 친전자성 시약으로서 반응해요.

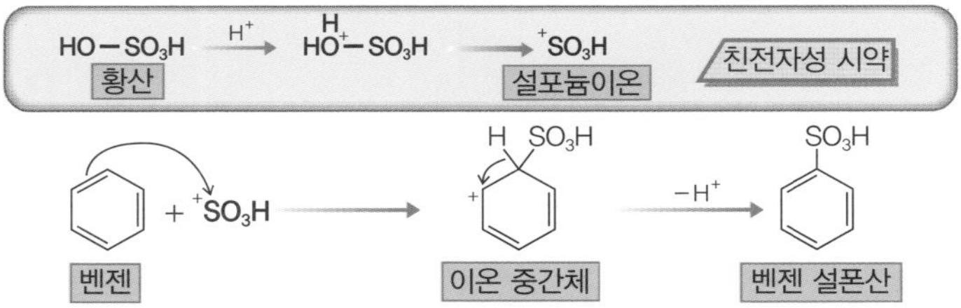

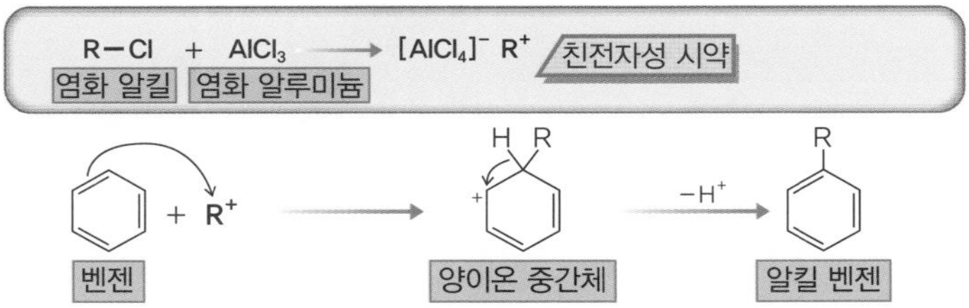

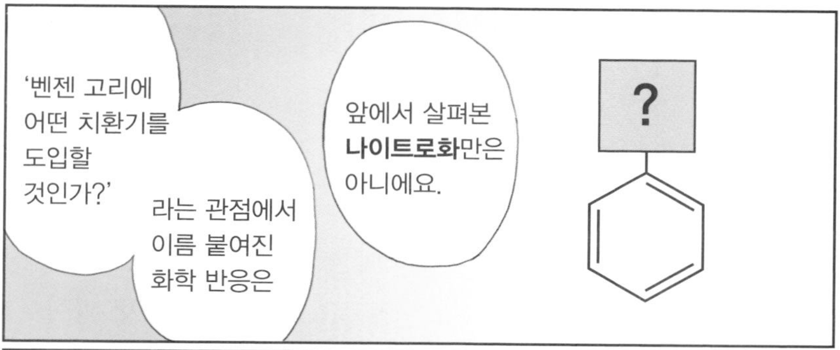

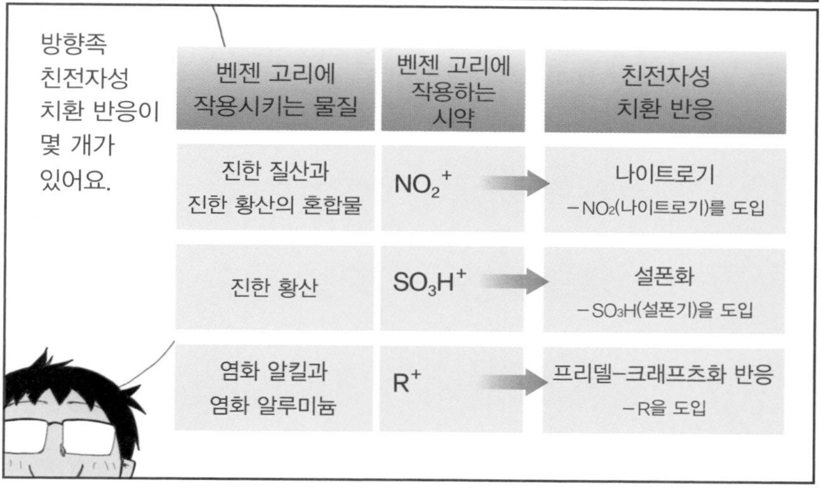

벤젠 고리에 작용시키는 물질	벤젠 고리에 작용하는 시약	친전자성 치환 반응
진한 질산과 진한 황산의 혼합물	NO_2^+	나이트로기 $-NO_2$(나이트로기)를 도입
진한 황산	SO_3H^+	설폰화 $-SO_3H$(설폰기)을 도입
염화 알킬과 염화 알루미늄	R^+	프리델-크래프츠화 반응 -R을 도입

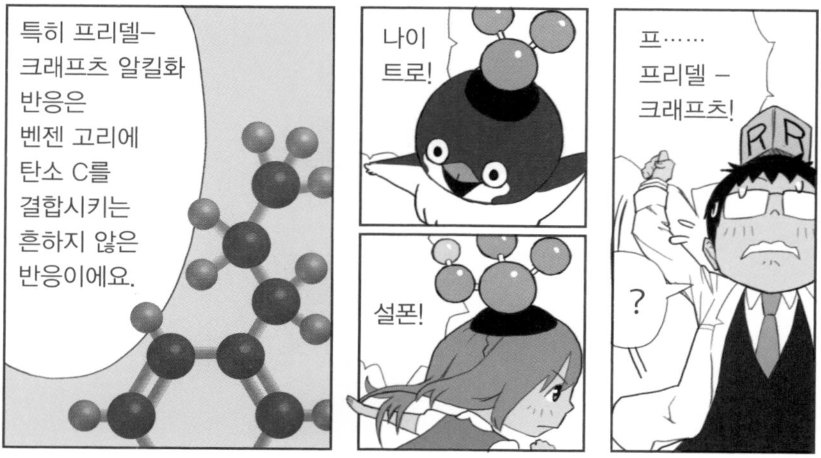

9 작용기도 변화한다

● 산화 · 환원 반응

작용기는 화학 반응에 의해 다른 작용기로 변화해요.

알킬 벤젠을 산화하면 알킬기가 산화되어 카복실기가 되며 **벤조산**이 돼요.

한편, 나이트로 벤젠을 주석Sn과 염산HCl으로 환원하면 나이트로기-NO_2가 아미노기-NH_2로 변화하여 아닐린이 생겨요. Sn과 HCl의 반응으로 생긴 수소가 환원제가 된 거예요.

● 사이아노기 · 하이드록시기의 합성

벤조산에 암모니아를 작용시켜 생긴 아마이드에 오산화인P_2O_5를 반응시키면 탈수 반응이 일어나서 벤조 나이트릴이 생겨요. 카복실기 -COOH가 사이아노기-CN으로 변화한 거예요.

벤젠 설폰산과 수산화 소듐을 용매가 없는 상태에서 섞어서 가열하면 용융하여(액체가 되어), 페놀의 소듐염이 돼요. 이것을 물로 분해하면 페놀이 생겨요.

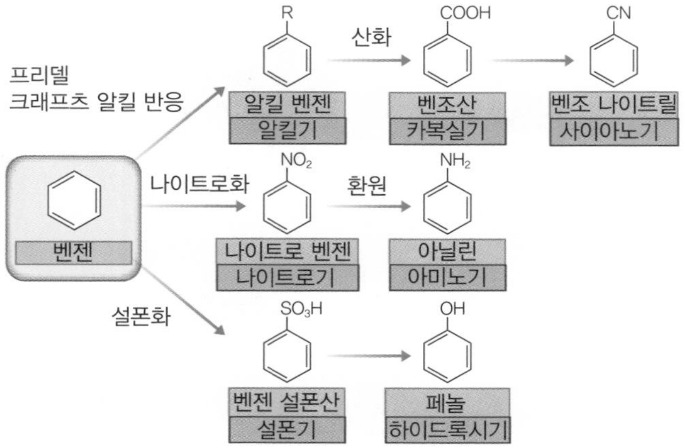

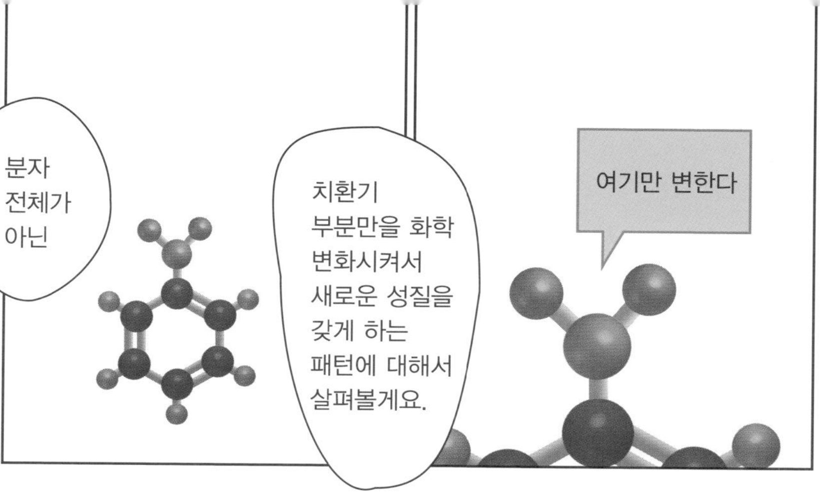

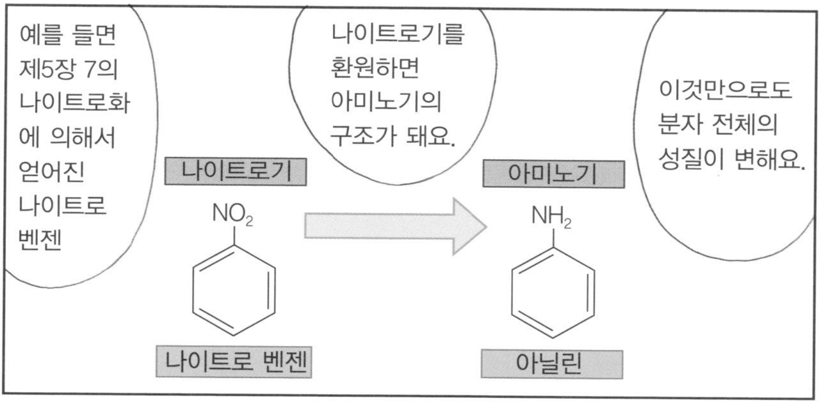

정리하면 앞에서 살펴본

① 벤젠 고리에 치환기 도입
에 덧붙여
② 그 치환기를 화학 변화시키는
방법을 통해서 더욱 많은
유기물을 만들 수 있는 거예요.

⑩ 염화 벤젠 다이아조늄의 반응

● 샌드마이어(Sandmeyer reaction) 반응

아닐린에 염산과 아질산 소듐을 작용시키면 아래 그림과 같이 염화 벤젠 다이아조늄 ❶이 생성돼요. 이것을 이용하면 각종 벤젠 유도체의 합성이 가능해요. 예를 들면 ❶을 산으로 처리하면 페놀이 돼요.

❶과 구리염의 반응을 발견자의 이름을 따서 **샌드마이어 반응**이라고 해요. ❶과 할로젠화 구리CuX, 혹은 사이안화 구리CuCN가 반응하면 각각 할로젠화 벤젠, 벤조 나이트릴이 생성돼요.

● 짝지음 반응

❶과 아닐린 혹은 페놀을 반응시키면 2개의 벤젠 고리가 N=N으로 달라붙은 모양이 돼요. 이러한 반응을 **짝지음 반응**이라고 해요. 생성물은 **아조 화합물**이라 불리며 선명한 색채를 띠는 경우가 많아서 안료나 염료로 이용돼요.

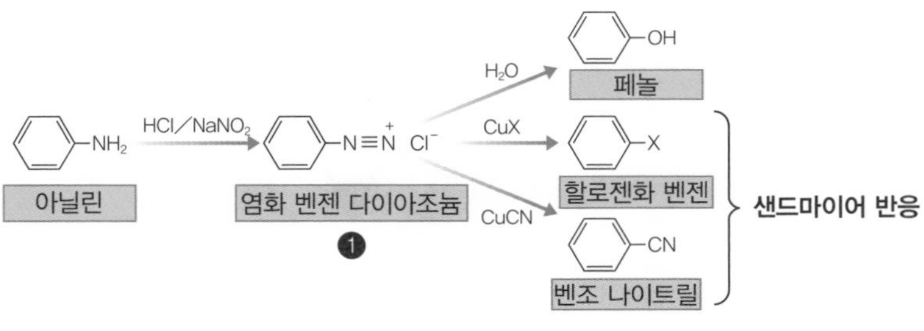

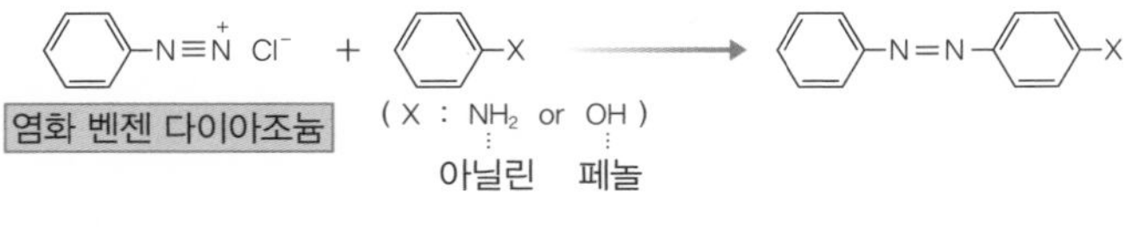

그렇다면 지금까지 살펴본 바와 같이 치환기의 도입과 변화를 통해서 벤젠에서 아닐린을 얻었다고 했을 때
벤젠
나이트로화
나이트로 벤젠
나이트로기를 환원
아닐린
NH_2
다이아조화
$N \equiv \overset{+}{N}$ Cl^-
염화 벤젠 다이아조늄
특히 아닐린의 아미노기를 다이아조늄기로 변화시킨 것이 염화 벤젠 다이아조늄이에요. 이것을 다이아조화라고 하는데 중요한 것은 이 물질의 반응성이 뛰어나다는 점이에요.
다이아조늄기
$N \equiv \overset{+}{N}$
다이아조늄기는 다른 기와 비교해도 해리되기가 매우 쉬우며
126쪽 그림에서 볼 수 있듯이 많은 합성법을 갖는 출발 물질로서 효과적으로 작용해요.
왠지 이야기가 무한정 계속될 것 같은데요?
원소의 주기율표
예를 들면 무기 화합물을 다루는 무기 화학이라면 원소 그 자체의 성질과 비율이 분자의 성질을 결정해요.
반면에 유기 화학에서는 다루는 원소도 주기율표 안에서 극히 제한되어 있지만
무한의 성질을 갖는 분자를 계속 만들어내는 것이 가능해요.

Column

거대 수조

최근 수족관에는 놀랄 정도로 큰 수조가 설치되어 있어요. 길이 10 m에 달하는 고래 상어가 유유히 헤엄치는 모습에 압도되기도 하는데요.

이러한 수조는 물론 유리가 아니에요. 만일 유리로 만들었다면 비중이 2.5~4이기 때문에 무게가 엄청날 것이고 운반하기도 어려울 거예요. 특별한 운반 방법이 있다고 하더라도 유리의 크기도 문제가 돼요. 그렇다면 거대 수조는 무엇으로 만들어졌을까요?

거대 수조는 폴리메타크릴산메틸이라는 소위 아크릴 수지로 만들어졌어요. 비중은 1.2 정도로 훨씬 가볍고, 강도는 유리의 15배나 되며, 빛 투과율 역시 유리보다 높아요. 이처럼 장점이 많은 데요. 게다가 두꺼운 유리는 녹색으로 보이지만 아크릴 수지는 두꺼워도 무색투명해요.

또한, 아크릴 수지는 현장에서 접착할 수 있어요. 즉 공장에서 작은 블록으로 만들어서 현장에서 접합하여 크게 만들 수 있어요. 거대 수조를 통해서 바닷속 풍경을 감상할 수 있는 것은 아크릴 수지 덕분이랍니다. 아크릴 수지는 플라스틱의 일종이며 다음 장에서 소개할 '고분자' 중 하나예요.

제 6 장

고분자 화합물

지금까지는 유기 화합물에 관하여 눈에 보이지 않을 정도의 작은 원자나 분자의 수준으로 배워 봤어요. 이러한 것이 더 많이 모이면 또 다른 모습을 보여 주는데요. 그 전형적인 예가 '고분자' 예요. 6장에서는 인간이 인위적으로 만들어 낸 것을 중심으로 소개해 볼게요. 이제 고분자 없는 생활은 상상할 수 없어요.

1 고분자를 둘러싼 논쟁

● 분자가 많이 모여 있을 뿐이다?

고분자라고 하면 제일 먼저 플라스틱을 떠올리는 사람도 많을 거예요. 그만큼 우리는 플라스틱에 둘러싸여 생활하고 있어요. 하지만 인간이 인위적으로 만든 고분자는 그 외에도 여러 가지 종류가 있으며 자연계에 존재하는 고분자도 많이 있어요.

1900년대 초반에 이미 셀룰로스, 고무 등의 천연 고분자를 대량으로 사용했어요. 하지만 그 구조는 밝혀지지 않았고, '작은 단위 분자가 많이 모여 있는 것' 정도로 생각했었어요.

그런데 독일의 화학자 헤르만 **슈타우딩거**Hermann Staudinger는 '고분자는 대단히 많은 단위 분자가 공유 결합으로 결합한 거대 분자'라고 주장했어요.

당시 슈타우딩거의 주장을 지지하는 화학자는 거의 없었으므로 슈타우딩거와 반대 주장간의 격렬한 화학 논쟁이 벌어졌어요. 슈타우딩거는 열정적인 실험을 통해 자신의 주장이 맞다는 것을 모두에게 입증했어요. 그 공적으로 슈타우딩거는 1953년 노벨 화학상을 수상하였으며 현재도 '고분자의 아버지'라고 불려요.

슈타우딩거 주장에 반론을 제기한 화학자들은 완전히 틀렸을까요? 실은 현재 공유 결합보다 약한 결합으로 결합하고 있는 고분자(초분자 폴리머 등)를 발견하는 등 최첨단 분야의 하나로 연구되고 있어요. 그렇다면 고분자란 과연 무엇일까요?

유기 화합물이란 무엇인가?
그 성질은 어떻게 결정되는가?
유기 화합물을 변화시키는 방법은?
지금까지는 유기 화합물에 대해서 눈에 보이지 않을 정도로 작은 1개의 원자나 분자의 수준에서 살펴보았어요.
하지만 분자는 아주 많이 모였을 때 또 다른 기능을 발휘해요.
이러한 기능을 가진 유기 화합물은 이전부터 우리 주변에서 유용하게 활용되고 있으며, 앞으로도 새로 발견될 거예요.
그런 것이 이 방 안에도 있어요?
글쎄? 음– 있어요.
그럼, 집안을 둘러보면서 찾아볼까요.
다녀오세요.

2 고분자는 분자의 긴 연결

● 고분자와 저분자

고분자는 작은 단위 분자가 많이 결합한 분자예요. 고분자에 반해서 작은 분자를 저분자라고 해요.

고분자의 구조는 사슬에 비유하면 쉽게 이해할 수 있어요. 즉, 사슬처럼 긴 분자이지만 '동일하게 반복되는 단위가 사슬처럼 연결해 있을 뿐' 이에요.

● 고분자 구조

플라스틱 중에서 가장 널리 이용되는 것이 폴리에틸렌이에요. 폴리에틸렌을 구성하는 저분자는 에틸렌이에요. 에틸렌에서 폴리에틸렌이 만들어지는 모양을 아래 그림에 나타냈어요. 에틸렌의 2개 탄소는 이중 결합으로 결합하고 있어요. 이 중에서 1개의 결합이 깨지고 옆의 분자와 차례로 결합하면 폴리에틸렌이 돼요.

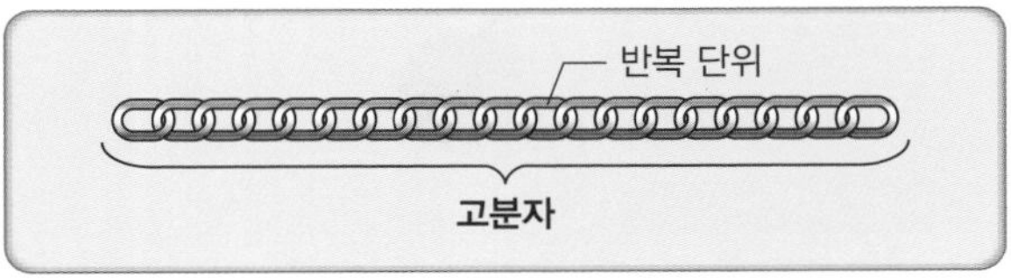

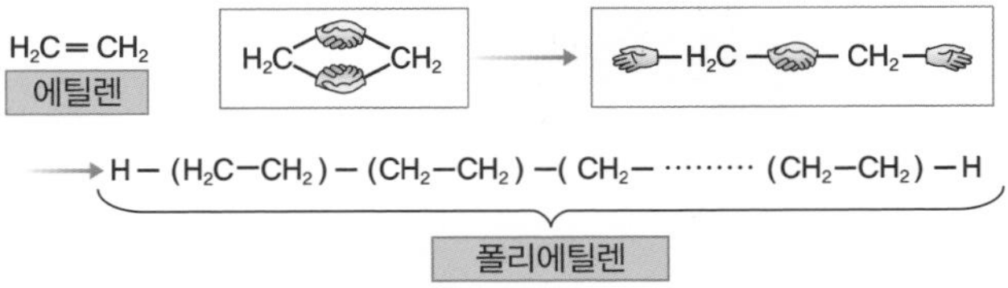

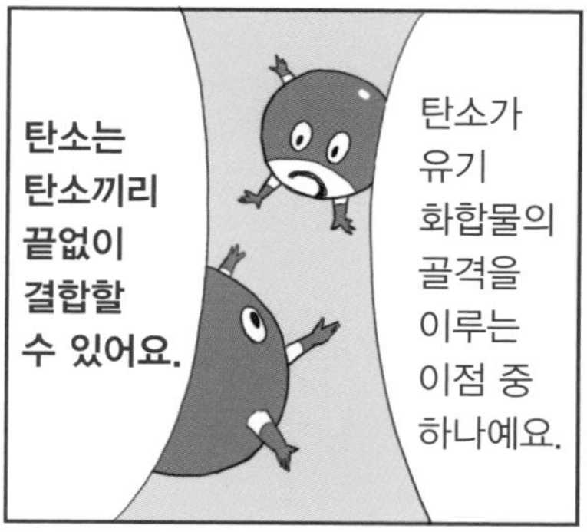

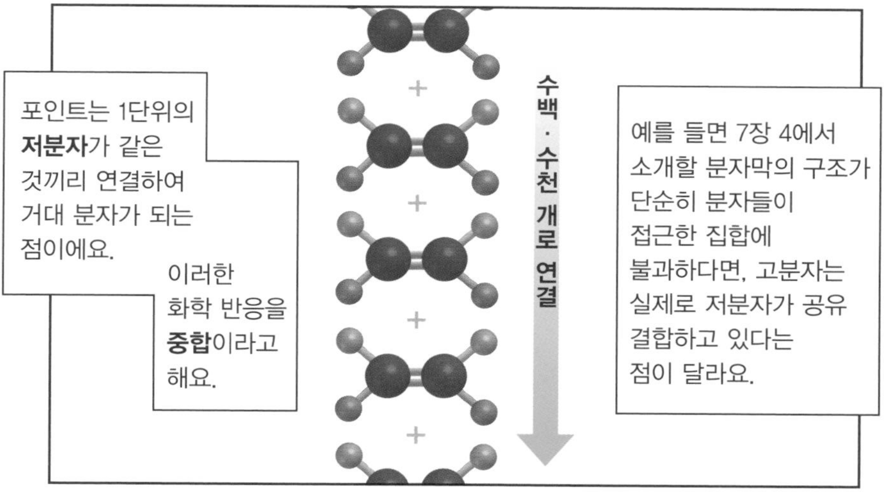

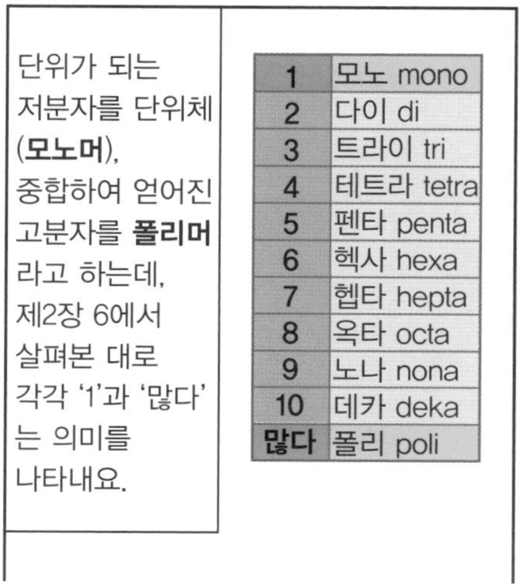

1	모노 mono
2	다이 di
3	트라이 tri
4	테트라 tetra
5	펜타 penta
6	헥사 hexa
7	헵타 hepta
8	옥타 octa
9	노나 nona
10	데카 deka
많다	폴리 poli

3 고분자에는 어떤 종류가 있을까?

● 인공 고분자과 천연 고분자

고분자에는 플라스틱처럼 인간이 화학적으로 만들어 낸 것과 자연계의 산물이 있어요. 전자를 **합성 고분자**라고 하며, 후자를 **천연 고분자**라고 해요. 천연 고무도 전분도 단백질도 DNA도 천연 고분자예요.

● 합성 고분자

유기 화학에서 다루는 **합성 고분자**에는 **열가소성 수지**와 열경화성 수지가 있어요. 열가소성 수지를 더 나누면 **합성 섬유, 범용 수지, 산업용 수지**(공업용 고분자)로 분류할 수 있어요.

합성 고분자 중에서 특정 기능을 중시한 것을 **기능성 고분자**라고 해요. 전기를 통하는 전도성 고분자, 물을 흡수하는 고흡수성 고분자, 세균에 의해 분해되는 생분해성 고분자 등이 있어요. 또 범용 수지, 산업용 수지, 열경화성 수지, 기능성 고분자를 합쳐서 **플라스틱**이라고 부르기도 해요.

<table>
<tr><th colspan="3">종류</th><th>고분자 이름</th><th>용도</th><th></th></tr>
<tr><td colspan="3">천연 고분자</td><td>다당류, 단백질, 핵산</td><td>식용, 섬유</td><td></td></tr>
<tr><td rowspan="6">합성 고분자</td><td colspan="2">합성 고무</td><td>SBR, NBS</td><td>타이어, 시트</td><td></td></tr>
<tr><td rowspan="3">열가소성 수지</td><td>합성 섬유</td><td>나일론, 폴리에스터, 폴리아크릴로 나이트릴</td><td>섬유, 의류</td><td></td></tr>
<tr><td>범용 수지</td><td>폴리에틸렌, 폴리스타이렌, 폴리프로필렌</td><td>가정 용품</td><td rowspan="4">플라스틱</td></tr>
<tr><td>산업용 수지</td><td>PET, 폴리에스터, 폴리아마이드</td><td>기계, 전기 제품</td></tr>
<tr><td colspan="2">열경화성 수지</td><td>페놀 수지, 멜라민 수지</td><td>식기, 건재</td></tr>
<tr><td colspan="2">기능성 고분자</td><td>고흡수성 고분자, 이온 교환 수지</td><td>기저귀, 담수화</td></tr>
</table>

방 안에 있는 다양한 제품을 모았어요.
고분자 성질을 이용한 것은 우리 주변에 많이 있어요.
우선 고분자를 크게 나누면
천연인 것과 그렇지 않은 것이 있어요.
예를 들면 인공적으로 합성된 고분자 중에서 수지에 해당하는 것이 플라스틱이에요.
일반적으로 단위체(모노머) 수가 증가 할수록 보다 단단하고 강한 수지가 돼요.
유기 화합물 종류가 많아지기 쉬운 것은 고분자 또한 예외가 아니에요. 이번 6장에서는 인공의 합성 고분자에 대해서 다루어 볼게요.

4 열가소성 수지란 무엇일까?

● 가열하면 부드러워진다

열가소성 수지란 가열했을 때 부드러워지는 수지를 말해요. 열가소성 수지의 분자는 긴 사슬 형태의 구조예요. 가열하면 분자가 서로 옆으로 미끄러지듯 이동하여 부드러워지며 모양이 변화해요.

● 범용 수지와 산업용 수지

범용 수지란 낮은 온도에서 부드러워지며 제조가 쉽고 가격이 저렴한 것을 말해요. 그래서 양동이, 대야 등 일상용품에 사용돼요. 폴리에틸렌, 폴리프로필렌, 폴리스타이렌, 폴리염화비닐 등이 전형적이에요.

반면에 산업용 수지는 내열성, 내마모성, 내약품성 등 화학적 및 물리적으로 뛰어난 성질이 있어요. 가격도 고가예요. 기계를 지탱하는 구조재, 톱니, 방탄조끼 등에 사용돼요. PET(PolyEthylene Terephthalat) 등의 폴리에스터, 나일론 등의 폴리아마이드 및 폴리아세탈 등이 있어요.

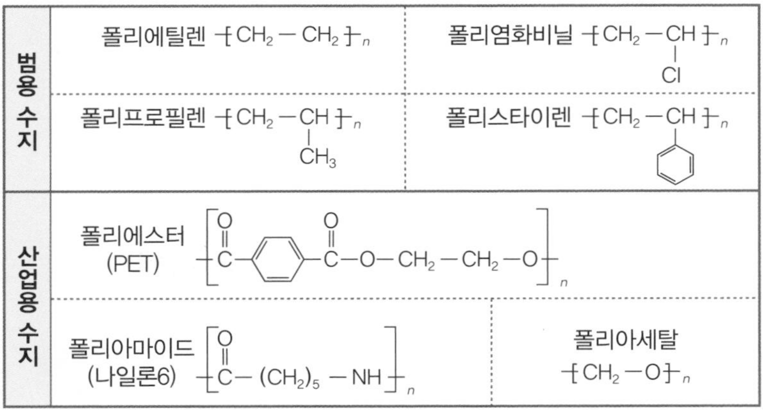

인공적으로 만들어진 합성 고분자 중에서 **열가소성**이 있는 것을 살펴볼게요.
가열하면 자유롭게 성형이 가능하기 때문에 많은 제품에 이용되고 있어요.
그 일부인 **합성 섬유**는 제7장 9에서 소개할게요. 여기서는 **범용 수지**와 **산업용 수지**에 주목해주세요.
열가소성 수지
합성 섬유
범용 수지
산업용 수지
2개의 차이는 일반용과 공업용이라는 건데요.
플라스틱 양동이
일상 생활에서 쉽게 볼 수 있는 것은 **범용 수지**예요.
산업용 수지 너트
특수한 환경이나 부하에 견딜 수 있는 것은 **산업용 수지**로 분류해요.
산업용 수지는 분자 사슬 안에 탄소 이외의 원소(산소나 질소)가 포함되어 있는 것이 특징이에요.
예를 들면 페트병의 원료인 PET도 산업용 수지의 일종으로 열가소성이 뛰어난 수지예요.

5 열가소성 수지를 만드는 3가지 방법

● 첨가 중합 반응

에틸렌에서 폴리에틸렌이 생기는 반응(제6장 2 참조)은 분자의 결합뿐이며, 제거되는 원자단은 없어요. 이러한 반응을 **첨가 중합**이라고 하며 C=C 결합은 C-C 결합이 돼요.

● 에스터화

예를 들어 카복실기를 2개 갖는 테레프탈산과 하이드록시기를 2개 갖는 에틸렌 글리콜을 반응시키면 **에스터 결합**-COO-로 이어진 PET가 생겨요.

● 아마이드화

카복실기를 2개 갖는 아디프산과 아미노기를 2개 갖는 헥사메틸렌 다이아민이 **아마이드 결합**-CONH-로 결합하면 나일론 6,6이 생겨요. 아마이드 결합으로 길게 연결되었다는 점에서 나일론과 천연 고분자의 단백질은 비슷해요.

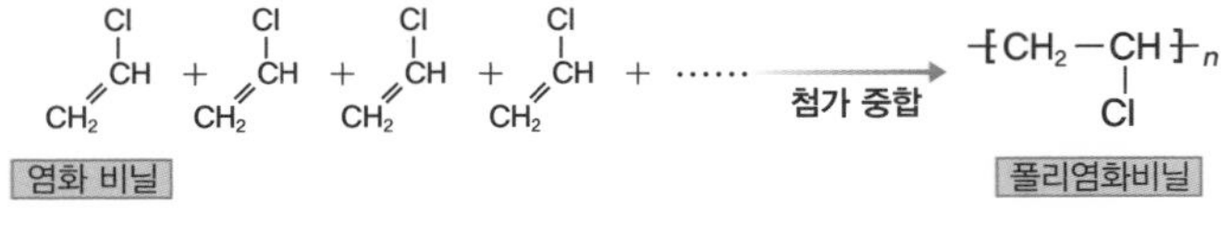

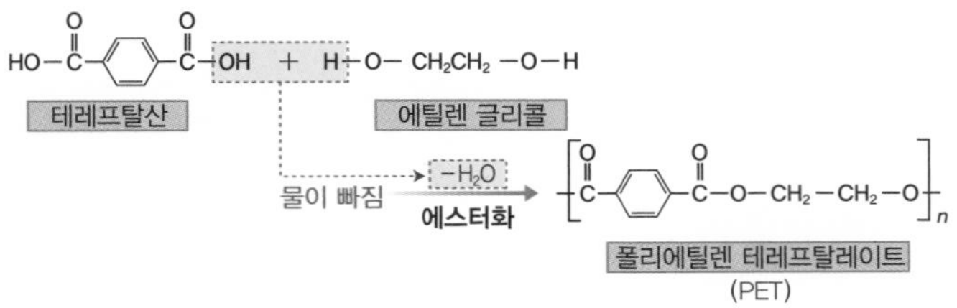

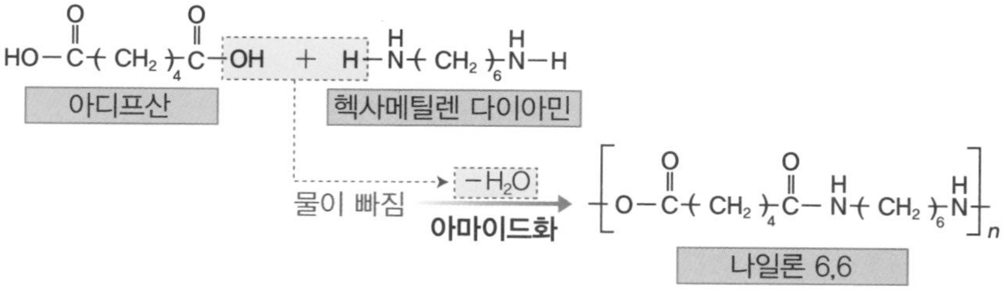
아디프산
헥사메틸렌 다이아민
-H2O
물이 빠짐
아마이드화
나일론 6,6

제6장 4에서 소개한 열가소성 수지의 합성법을 살펴볼게요.
범용 수지를 대표하여 폴리염화비닐의 합성법을, 산업용 수지에서는 PET와 나일론을 예로 들었어요.
위!
왼쪽!

범용 수지의 합성은 간단한 첨가 반응(제4장 8)인데, 산업용 수지의 2개는 에스터화(제3장 7)및 아마이드화(제3장 9)의 탈수 축합 반응을 이용하고 있어요.
각각의 반응은 첨가 중합 반응, 축합 중합 반응이라고 해요.
자, 앞으로!
이게 다예요?

6 열경화성 수지란 무엇일까?

● **특징**

가열해도 부드러워지지 않는 수지를 열경화성 수지라고 해요. 모양이 변하기 어려운 성질을 살려서 냄비 손잡이나 콘센트 등 고온 조건에서 사용되는 기기 등에 이용돼요.

하지만 열경화성 수지도 계속 열을 가하면 목재처럼 타서 변색하며 심하면 타 버려요.

● **분자 구조는 그물망**

열경화성 수지의 분자 구조는 3차원적인 그물망 모양으로 되어 있어요. 즉 1개의 제품이 1개의 거대 분자와 같은 구조예요. 때문에 가열에 의해 분자가 움직이거나 위치를 바꾸거나 하지 못하고 변형도 안 돼요.

따라서 열경화성 수지는 일단 완성되면 가열해도 부드러워지지 않으며 성형이 곤란해요. 성형하기 위해서는

① 주형에 수지 원료를 넣어서 주형 속에서 중합시킨다.

② 주형에 열경화성에 도달하기 이전 단계의 수지를 넣어서 가열 성형한 후 고온으로 중합을 완성시킨다.

등의 방법을 사용해요.

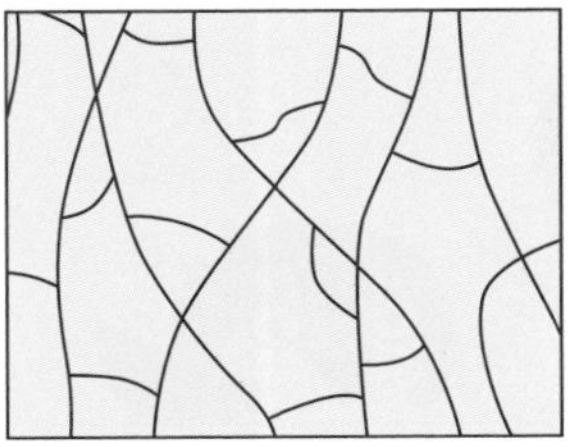

열경화성 수지 이미지

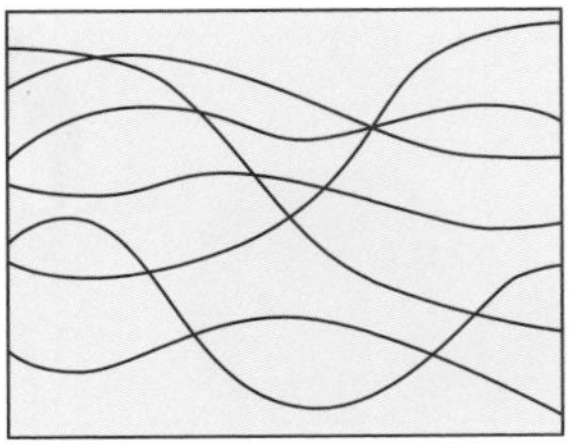

열가소성 수지 이미지

합성 수지에는 열가소성과 반대인 성질도 있어요.
바로 **열경화성 수지** 예요.
열로 인한 변형이 생기지 않아요.
열가소성 수지와 다른 것은 고분자의 사슬이 1차원적인 선 형태가 아닌 3차원적인 그물망 형태라는 점이에요.
짹
짹
파닥
보세요. 새장이 망가지지 않아요.
설명 계속 하세요.

7 어떻게 그물망이 만들어질까?

● 페놀 수지의 경우

페놀 수지는 열경화성 수지의 일종이에요. 그 합성 메커니즘에 대해 아래 그림을 보면서 살펴볼게요.

원료는 페놀 ❶과 폼알데하이드 ❷예요. ❶의 오쏘(ortho; 주요 치환기의 옆) 위치가 ❷와 반응하여 첨가체 ❸이 돼요. ❸의 OH와 또 한 개의 분자 ❶의 수소 사이에서 탈수가 일어나면 ❹가 돼요. ❶과 ❶이 CH_2를 이음새로 연결된 구조예요.

같은 반응이 ❹와 ❷에서 일어나서 계속 연결되면 긴 연결 사슬이 생겨요. 같은 반응은 ❶과 ❶의 파라(para; 주요 치환기의 반대쪽) 위치에서도 일어나요. 이 때문에 그물망 형태의 구조가 되는 거예요.

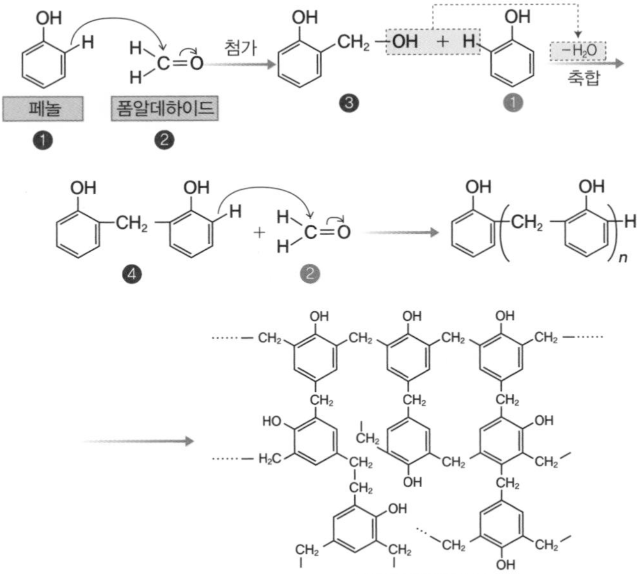

페놀 수지

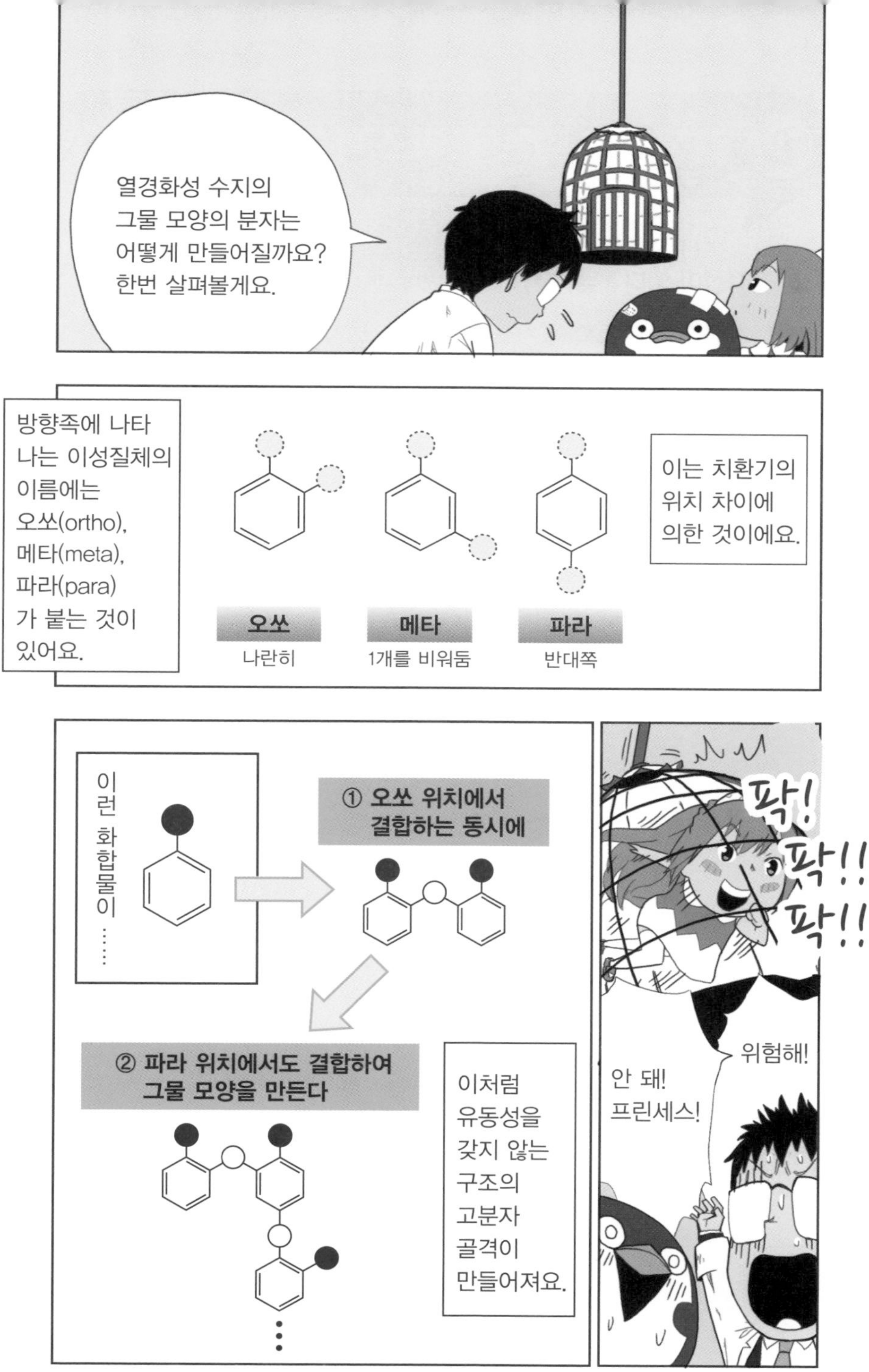
열경화성 수지의 그물 모양의 분자는 어떻게 만들어질까요? 한번 살펴볼게요.
방향족에 나타나는 이성질체의 이름에는 오쏘(ortho), 메타(meta), 파라(para)가 붙는 것이 있어요.
오쏘
나란히
메타
1개를 비워둠
파라
반대쪽
이는 치환기의 위치 차이에 의한 것이에요.
이런 화합물이……
① 오쏘 위치에서 결합하는 동시에
② 파라 위치에서도 결합하여 그물 모양을 만든다
이처럼 유동성을 갖지 않는 구조의 고분자 골격이 만들어져요.
팍! 팍!! 팍!!
위험해!
안 돼! 프린세스!

8 결정성을 갖는 플라스틱

● 결정성이 높다? 낮다?

아래 그림은 플라스틱의 사슬 형태의 고분자가 집합해 있는 상태를 나타낸 모식도예요. 여러 개의 분자 사슬이 '방향이 일정한' 부분과 '따로따로인' 부분이 있어요. 전자를 **결정 영역**이라고 하고, 후자를 **비결정 영역**이라고 해요. **결정성**이 높다, 낮다고도 말해요.

결정 영역은 분자 간격이 좁으므로 분자간 힘이 작용하여 서로 끌어당겨요. 그 결과 물리적으로 강해지면서 동시에 다른 분자가 들어가기 어려워져서 약품에도 강하고 잘 타지도 않아요.

● 결정성으로 변하는 성질

플라스틱은 고무와 합성 섬유의 중간 정도의 성질을 나타내는데, 그 성질은 결정 영역의 비율로 좌우돼요.

합성 섬유는 한마디로 말하면 결정성의 열가소성 수지예요. 플라스틱 중에서도 폴리스타이렌이나 PET, 나일론 등은 결정성이 높으며, **결정성 플라스틱**이라고도 불려요. 결정성이 높은 것을 세밀하게 가공하면 섬유가 돼요.

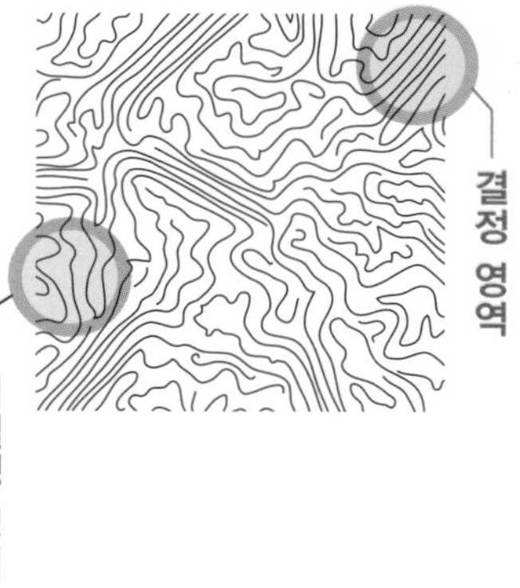

일반적으로
물질은
결정성을
갖게 되면
강해져요.

반대로
비결정성을
갖게 되면
다른
분자를
받아들이기
쉬워져요.

그리고 거대 분자인
고분자에는 결정 영역과
비결정 영역이
혼재하고 있어요.

	강함	다른 저분자의 부착
결정 영역	○	×
비결정 영역	×	○

고분자를 고무, 합성 섬유,
플라스틱(합성 수지)
3종류로 나누는 것은
결정성 부분의
비율 차이와도 서로 맞아요.

고무는 비결정
영역이 많으며
합성 섬유는
결정화되어
있어요. 중간에
해당하는 것이
플라스틱이에요.

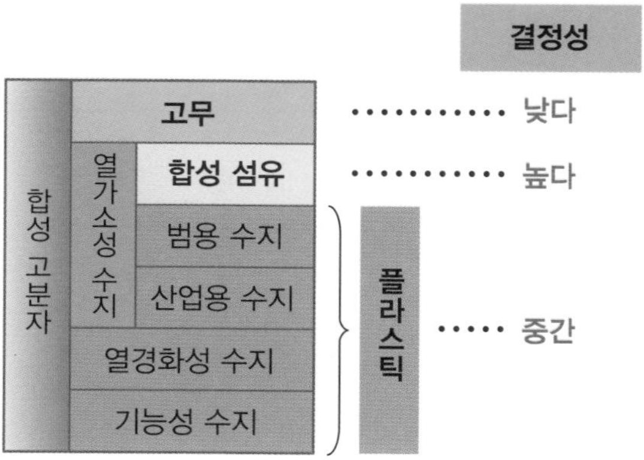

9 합성 섬유는 어떻게 만들까?

● 가늘게 밀어내어 잡아당긴다

합성 섬유는 결정성의 열가소성 고분자예요. 결정성의 고분자를 만들기 위해서는 분자 방향을 물리적으로 일정하게 하면 돼요. 간단하게 말하면 한쪽 방향으로 잡아 당기는 거예요.

합성 섬유는 가열 용해한 액체 고분자를 좁은 노즐을 통해 밀어내면서 만들어요. 그리고 그 고분자의 실을 원통형의 연신기에 넣고 한 번에 수십 배의 길이로 잡아당겨요.

품질이 좋은 합성 섬유는 강하면서도 천연 섬유와 같은 감촉이 느껴져요. 이를 위한 섬유 단면의 변형, 빈 공간, 극세 등 다양한 연구가 이루어지고 있어요. 합성 섬유의 원료가 되는 고분자로는 나일론, PET, 아크릴 등이 있어요.

이름	종류	특징	용도
나일론	$-\left[\mathrm{N(H)}-(\mathrm{CH_2})_5-\mathrm{C(=O)}\right]_n-$	섬세하고, 아름답다	스타킹, 어망, 벨트, 로프
폴리에스터	$-\left[\mathrm{C(=O)}-\mathrm{C_6H_4}-\mathrm{C(=O)}-\mathrm{O}-(\mathrm{CH_2})_2-\mathrm{O}\right]_n-$	주름 방지성 저흡습성	안감, 와이셔츠
아크릴	$-\left[\mathrm{CH_2}-\mathrm{CH(CN)}\right]_n-$	양모 느낌	카펫, 스웨터, 담요, 인조 모피

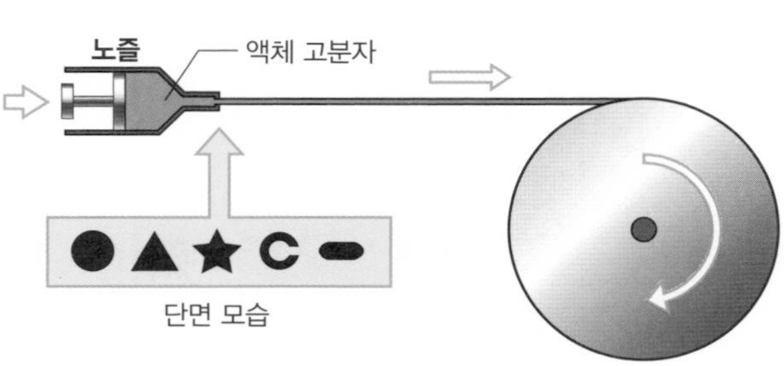

열가소성 수지 중에는 앞에서 설명한 범용 수지와 산업용 수지 외에 **합성 섬유**가 포함되어 있어요.
열가소성 수지
합성 섬유
범용 수지
산업용 수지

결정성의 차이에 따라 분류한 것으로
가령 산업용 수지에 속하는 PET 역시 결정성 비율을 높이면 합성 섬유가 돼요.
결정화
플라스틱
합성 섬유

단지 물리적인 가공만으로 플라스틱은 강한 섬유가 돼요.
플라스틱 그대로
페트병
PET
섬유가 되면
폴리에스터 섬유

10 고무는 어떻게 만들까?

● 탄력성을 갖기 위해서는

고무는 늘어나거나 줄어들거나 하는 특징이 있어요. 원인은 고무 분자의 형상에 있는데요. 천연고무의 분자는 털보풀처럼 둥근 모양이며 잡아당기면 풀어져서 일직선이 되어 늘어나요.

하지만 술술 늘어나다가 결국 끊어져 버려요. 이를 방지하기 위해서 첨가하는 것이 황S이에요. 황은 고무 분자 사이에 다리 구조를 만들어 주기 때문에 고무가 줄어드는 성질을 가질 수 있어요. 이러한 조작을 가황이라고 해요. 합성 고무에도 이 공정에 황을 사용하며 다른 물질도 사용돼요.

● 합성 고무의 예

합성 고무를 아래 표에 정리해 보았어요. 천연고무와 같은 성분인 이소프렌으로 만든 합성 천연고무, 부타디엔(B)과 스타이렌(S)으로 만든 고무(Rubber)인 SBR 등이 있어요.

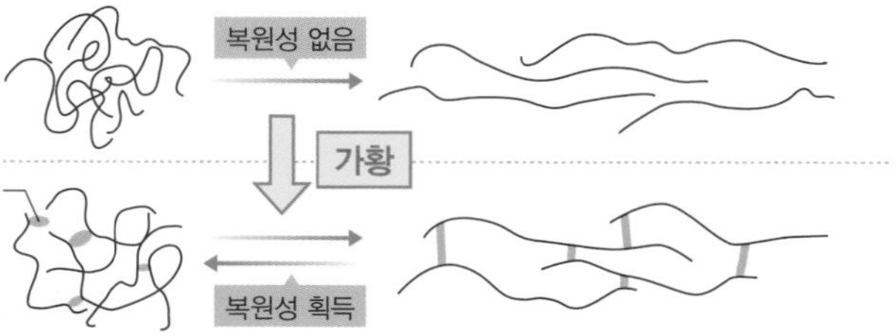

이름	모노머	폴리머
합성 천연 고무	이소프렌 $CH_2=C(CH_3)-CH=CH_2$	$[-CH_2-C(CH_3)=CH-CH_2-]_n$
SBR	스타이렌 $CH_2=CH-C_6H_5$ 부타디엔 $CH_2=CH-CH=CH_2$	※ $[-CH_2-CH(C_6H_5)-CH_2-CH=CH-CH_2-]_n$

※구조식의 일부

흔히 사용하는 고무줄도 주변에서 자주 보는 고분자 중 하나인데요.
타코야끼
실은 천연 고무는 그냥 늘어나기만 할 뿐 다시 줄어들지는 않아요.
그래서 황을 첨가하여 (가황) 고무의 분자들을 연결했을 때 비로소 원래 상태로 돌아가는 기능이 생겨요.
늘어난다
줄어든다
천연 고무
가황 고무
황이 아닌 다른 물질을 넣으면 또 다른 특성을 갖는 고무를 만들 수도 있어요.
아!
이 맛은 틀림없이…… 히말라야 암염! 대단한 것을 넣었구나……
냠냠

11 대단하다! 기능성 고분자

● 전도성 고분자

아세틸렌C_2H_2이 중합한 폴리아세틸렌에는 이중 결합을 구성하는 전자 구름이 구석구석까지 펴져 있어요. 전류는 전자의 흐름이므로 이 물질에서 전자가 이동하면 전기를 통하기 쉬워져요.

그런데 폴리아세틸렌은 전자가 너무 많아서 그대로는 전자가 이동할 수 없어요. 그래서 폴리아세틸렌에 아이오딘 등을 혼입제(불순물)로 첨가하면 금속처럼 전기를 통해요.

이 **전도성 폴리아세틸렌**을 개발한 사람은 시라카와 히데키와 두 사람의 공동 연구자예요. 당시 플라스틱이 전기를 통하다는 사실은 획기적인 것으로 세 사람은 2000년에 노벨 화학상을 수상했어요.

● 이온 교환 수지

아래 그림의 고분자 Ⓐ에 Cl^-이온을 반응시키면 Cl^-가 고분자와 결합하여 대신 OH^-가 흐르게 돼요. 동시에 고분자 Ⓑ에 Na^+이온을 반응시키면 H^+로 바뀌어요.

즉 Ⓐ와 Ⓑ를 넣은 컬럼(관)에 바닷물을 부으면 Cl^-, Na^+가 OH^-, H^+로 치환된 담수가 흘러나와요. 이와 같은 **바닷물의 담수화**를 비롯하여 같은 구조에서 다양한 물질이 정제돼요.

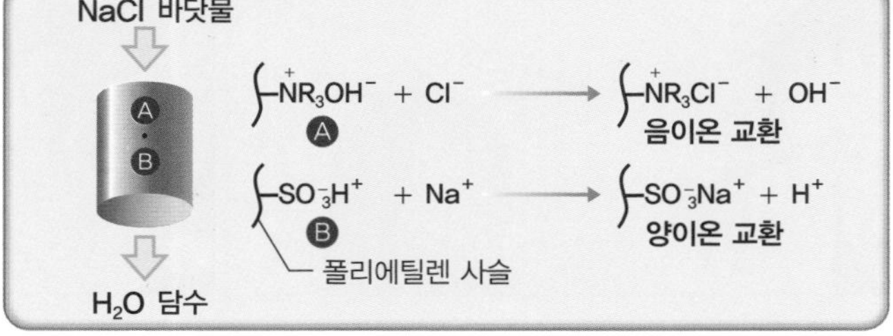

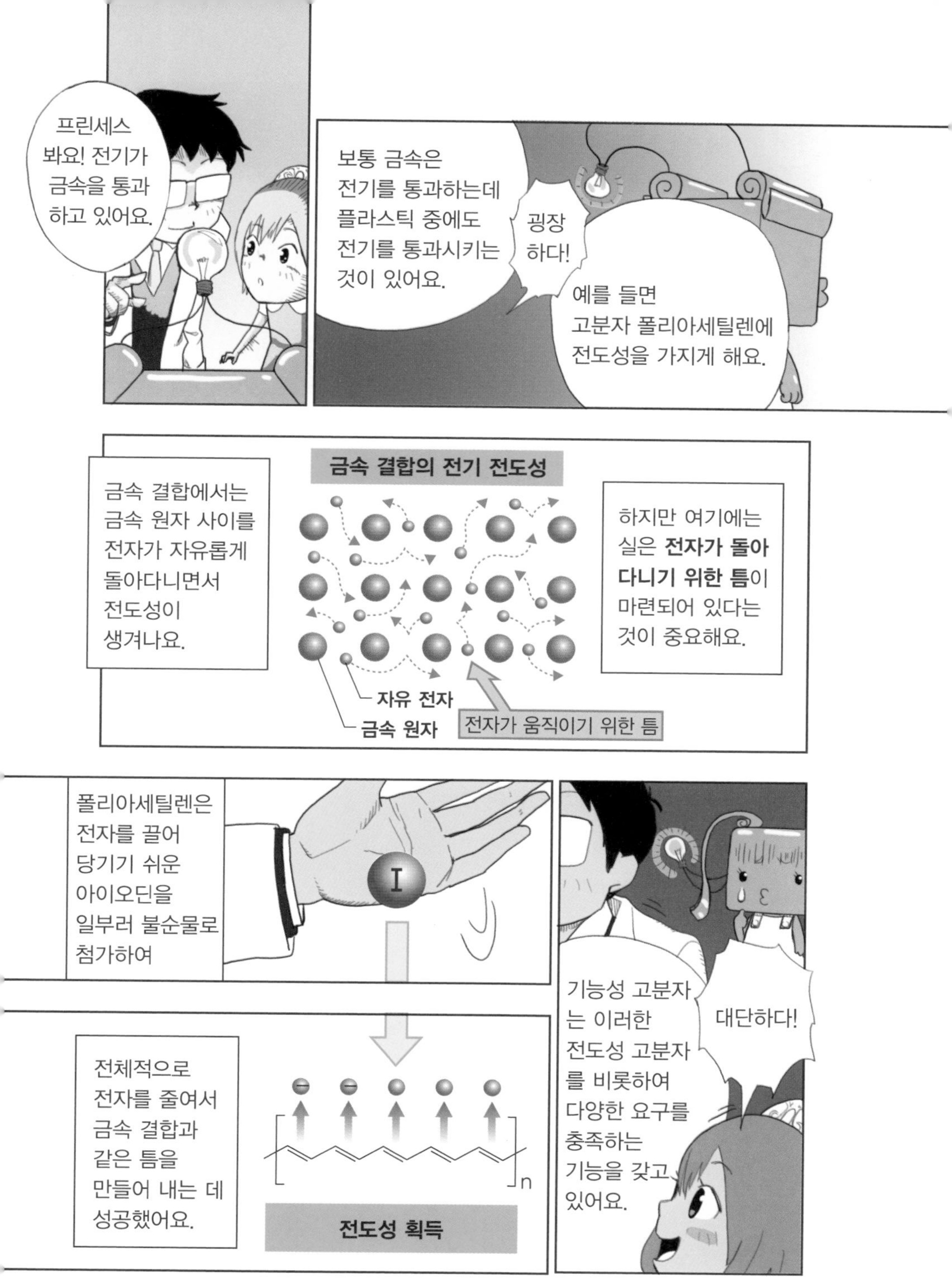

프린세스 봐요! 전기가 금속을 통과하고 있어요.
보통 금속은 전기를 통과하는데 플라스틱 중에도 전기를 통과시키는 것이 있어요.
굉장하다!
예를 들면 고분자 폴리아세틸렌에 전도성을 가지게 해요.
금속 결합의 전기 전도성
금속 결합에서는 금속 원자 사이를 전자가 자유롭게 돌아다니면서 전도성이 생겨나요.
자유 전자
금속 원자
전자가 움직이기 위한 틈
하지만 여기에는 실은 **전자가 돌아다니기 위한 틈**이 마련되어 있다는 것이 중요해요.
폴리아세틸렌은 전자를 끌어 당기기 쉬운 아이오딘을 일부러 불순물로 첨가하여
I
전체적으로 전자를 줄여서 금속 결합과 같은 틈을 만들어 내는 데 성공했어요.
n
전도성 획득
기능성 고분자는 이러한 전도성 고분자를 비롯하여 다양한 요구를 충족하는 기능을 갖고 있어요.
대단하다!

12 친근한 기능성 고분자

● 생분해성 고분자

플라스틱의 가장 큰 장점은 튼튼하다는 거예요. 하지만 이러한 장점이 단점이 되기도 해요. 필요가 없어진 플라스틱 제품이 자연환경에 방치되어 분해되지 않아서에요.

그래서 개발된 것이 생분해성 고분자로 땅속의 세균 등에 의해서 수주일 안에 분해돼요. 또한, 체내에서도 분해되기 때문에 수술용 봉합 실로도 이용되고 있어요.

● 고흡수성 고분자

종이 기저귀 등은 고흡수성 고분자로 이루어져 있어요. 이 물질은 자신의 무게보다 천 배 정도의 물 무게를 흡수할 수 있어요.

폴리아크릴산 소듐의 경우 3차원의 그물망 구조를 띠고 있으며, 그물망에 소듐염 -COONa가 많이 붙어 있어요. 물을 가하면 아래 그림처럼 Na^+이 해리하여 $-COO^-$가 되며 음이온끼리 반발하여 그물망이 열리고 점점 많은 물을 흡수해요.

고흡수성 고분자는 사막의 녹지화에도 도움을 주고 있어요. 우선 이 고분자를 사막에 묻고 그 위에 나무를 심은 다음 물을 충분히 주면, 물을 많이 흡수하여 다음 급수 때까지의 간격을 늘릴 수 있어요.

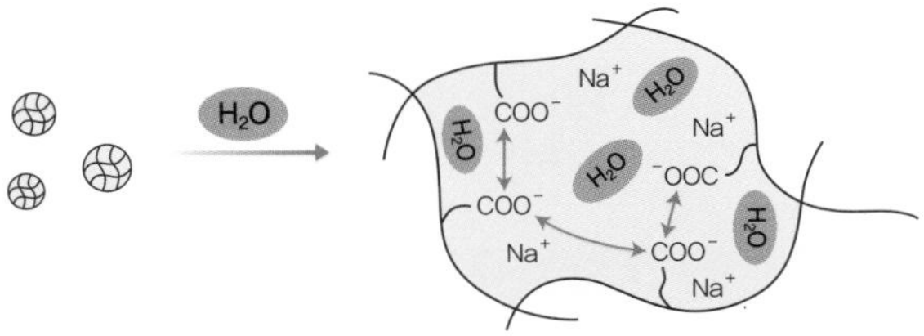

종이 기저귀까지 유기물의 고분자였다니……!
이것을 토양 보수재로 사용하여 사막의 녹화사업에도 기여하고 있어요. 과학이 앞장서는 환경 사업이지요.
그럼 또 내일 봐요.
기저귀……
참, 프린세스는 선생님과 같이 편의점에라도 다녀와요.
에~ 에
어?
긁적 긁적
프린세스! 가장 작은 유기물이 뭐였는지 기억해요?
에~ 에
그럼, 메틸기란 말은?
에~ 에
대체로 유기 화합물은 같은 물질로 이루어져 있어서 어떻게 연결되어 있느냐가 중요하며
또 기억나는 것은 음……
금방 변해 버린다는 거

Column

액정과 유기 EL

텔레비전이나 컴퓨터 화면으로 익숙한 액정 디스플레이의 '액정'이란 액체와 결정의 중간에 해당하는 상태를 말해요. 즉 액체와 똑같이 분자는 움직일 수 있지만, 결정과 같이 각 분자가 규칙적으로 늘어서 있어요.

액정 디스플레이에는 액체와 결정의 양쪽 성질을 갖는 유기 화합물을 몇 개 혼합하여 사용해요. 그 분자가 전압이 켜지고 꺼짐에 따라 일제히 방향을 바꿀 수 있는 성질을 이용하여 빛을 차단하거나 통하게 하여 화면이 표시되는 거예요(아래 그림 참조).

한편 최근에 스마트폰이나 고급 텔레비전 등에 사용되는 유기 EL디스플레이의 구조는 액정 디스플레이와 전혀 달라요. 유기EL의 EL은 Electro Luminescence의 약자로 '전계 발광'이라는 현상이에요. 유기EL 디스플레이에 있는 특정한 유기 화합물에 전류를 흘려보내면 에너지가 높은 상태가 되어 빛으로 에너지가 방출돼요. 다시 말해서 이 유기 화합물 그 자체가 발광하기 때문에 백라이트 등도 필요 없고 얇아도 고화질이 가능해요.

액정 분자 디스플레이 장치

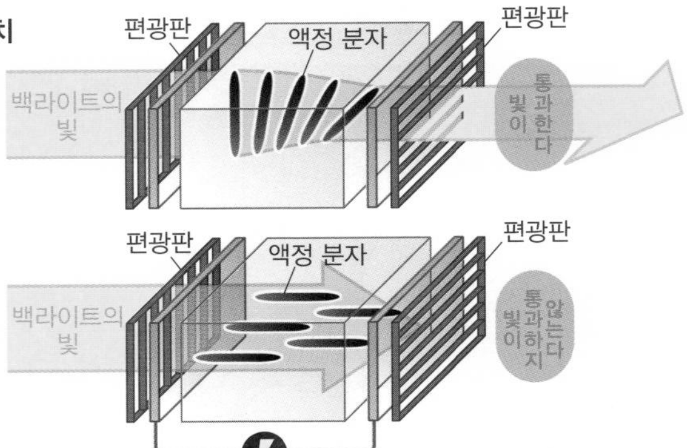

제 7 장

생명의 과학

유기 화학은 원래 생명체와 관련한 물질을 연구하는 학문이었어요. 오늘날에도 천연 화합물을 다루고 있어요. 또한 바이오, 약학, 의학에 이르기까지 유기 화학의 지식 없이는 성립할 수 없어요. 특히 DNA는 유례없는 구조와 기능을 갖는 천연 고분자 화합물로서 유기 화합물의 하나라고 할 수 있어요.

1 여러 가지 당류

● 생명과 태양 에너지

지구상의 생명체는 태양 에너지에 의해서 생명 활동을 이어가고 있어요. 식물은 이산화 탄소와 물을 원료로 태양 에너지를 이용하여 당류를 만들어요. 동물은 이 당류를 섭취하여 태양 에너지를 간접적으로 이용하고 있어요.

● 당류

당류는 탄소, 수소, 산소만으로 이루어진 분자이며 대부분의 분자식이 $C_m(H_2O)_n$의 형태이기 때문에 탄수화물이라고도 불려요.

당류는 천연 고분자의 일종이며 저분자가 많이 결합한 구조예요. 이 최소 단위에 해당하는 것을 **단당류**라고 하며, 글루코스(포도당)나 프룩토스(과당) 등이 있어요.

2개의 단당류가 탈수 축합한 것을 **이당류**라고 해요. 2개의 글루코스에서 생긴 말토스(엿당), 글루코스와 프룩토스에서 생긴 수크로스(자당, 설탕) 등이 있어요.

글루코스(포도당) **프룩토스(과당)**

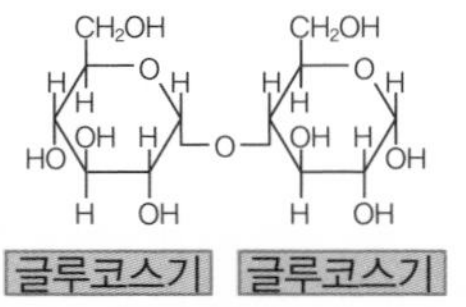

말토스(엿당)

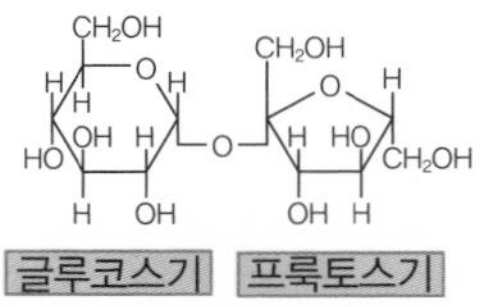

수크로스(자당)

에~에♡
유기 화합물이란 원래 생물의 몸 안에서만 만들어내는 (신비적인) 물질을 가리켰어요.
피크닉하기 참 좋은 날씨다~
유기 화합물을 연구하는 유기 화학은 생화학의 기초가 되는 학문이에요.
프린세스!
광합성이라고 들어봤지요?
식물의 광합성
$6CO_2 + 6H_2O \rightarrow 6O_2 + C_6H_{12}O_6$
이산화 탄소
물
태양 에너지
산소
당류
$C_m(H_2O)_n$
당류의 일반식
탄수화물
식물은 태양 에너지를 이용하여 산소를 합성하여 배출하면서 **당류**를 축적해요.
당류를 포함한 식물을 초식 동물이 섭취하고 이것을 또 육식 동물이 포식해요.
당류란 **동물이 스스로 만들 수 없는 유기 화합물**이기 때문이에요.
모든 동물은 '영양'을 위해 항상 유기 화합물을 외부에서 계속 흡수하면서 살아가고 있어요.
현재는 생물 유래의 유기 화합물을 **천연 유기 화합물**로 분류하고 있어요. 제7장에서는 이들에 대해서 자세히 살펴볼게요.

2 다당류

● 전분 · 셀룰로스

많은 단당류가 탈수 축합하여 생긴 고분자를 다당류라고 해요. 대표적인 것으로 전분과 셀룰로스가 있어요. 같은 글루코스로 이루어졌지만, 결합 양식이 다르기 때문에 사람은 셀룰로스를 소화할 수 없어요.

● 키틴질 · 히알루론산

다당류는 동물의 몸에서도 중요한 역할을 하고 있어요. 게나 새우 등 갑각류의 등껍질이나 곤충의 외골격은 키틴질로 이루어져 있어요. 키틴질은 글루코스가 변화한 단당류인 글루코사민 아세틸체가 결합한 다당류예요.

또한 연골 등에 포함되어 관절에 윤활유 역할을 하는 히알루론산은 글루코스가 산화되어 생긴 글루코론산과 글루코사민 아세틸체로 구성된 고분자예요.

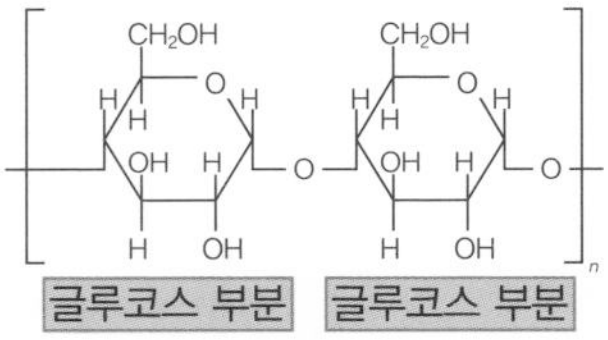

전분

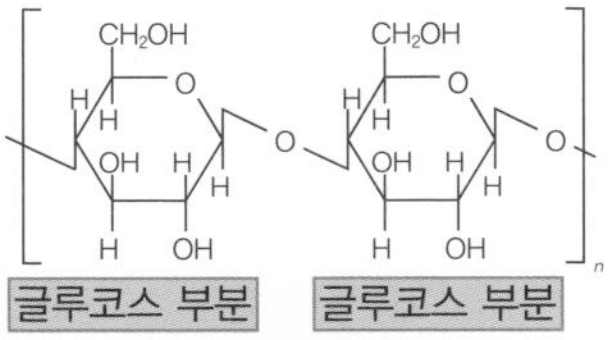

셀룰로스

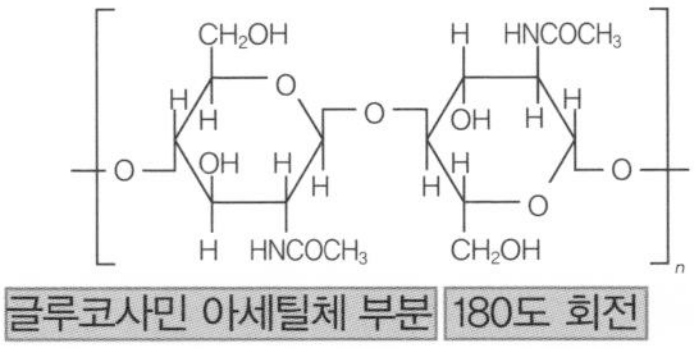

키틴

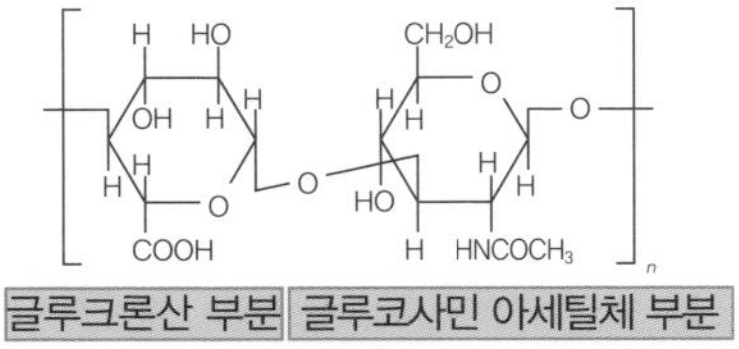

히알루론산

제6장 3에서 설명한 고분자 일람표를 보면 **천연 고분자**라는 분류가 있어요.
저분자 단당류
글루코스
프룩토스
이당류
고분자 다당류 …
당류는 천연 고분자의 일종으로 글루코스 혹은 프룩토스를 1단위로 중합해요.
글루코스가 다수 결합한 다당류로는 **전분**과 **셀룰로스**가 유명해요. 화학식은 둘 다 $(C_6H_{10}O_5)_n$ 인데 한쪽은 인체 내에서 소화되고 또 다른 한쪽은 소화되지 않아요.
왜 그럴까요?
화학식은 똑같은데 다른 성질을 나타내는 것
그것은 바로,
이성질체!
맞아요. 이 둘은 이성질체예요.
글루코스
α-글루코스
β-글루코스
탈수 축합
탈수 축합
전분
셀룰로스
소화 ◎
소화 ×
글로코스는 하이드록시기의 위치 이성질체로서 ……훌쩍 α형과 β형으로 ……훌쩍 나뉘어요.
선생님 왜 자꾸 훌쩍 여요?
프린세스 입에서 드디어 '화학 용어'가 나왔 …… 훌쩍

③ 유지에 포함된 카복실산=지방산

● 다양한 지방산

생체에 포함된 기름 성분으로 **유지**가 있어요. 유지는 3가 알코올인 글리세린과 각종 카복실산 사이에서 생긴 에스터예요. 유지를 구성하는 카복실산을 **지방산**이라고 해요.

지방산의 종류는 많고 탄소 수 4에서 대략 30개까지 다양한 것이 있어요. 채소 씨 기름과 정어리 기름이 다른 이유도 지방산의 구조가 다르기 때문이에요.

탄소 수가 대략 10 미만인 것을 **저급 지방산**, 그 이상의 것을 **고급 지방산**이라고 해요. 또 C=C 결합을 포함한 것을 **불포화 지방산**, 포함하지 않은 것을 **포화 지방산**이라고 해요. EPA나 DHA는 고급 불포화 지방산으로 생선에 많이 포함되어 있어요.

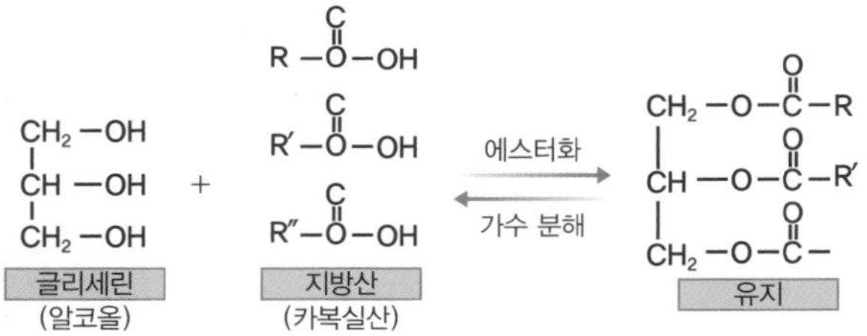

	포화 지방산	불포화 지방산
저급 지방산	$CH_3(CH_2)_6COOH$ 카프릴산	$CH_2{=}CH(CH_2)_8COOH$ 운데실렌산
고급 지방산 (탄소 수 10 이상)	$CH_3(CH_2)_{14}COOH$ 파르미틴산	$HOOC{-}CH_2{-}CH_2{-}CH_2{-}CH{=}CH{-}CH_2{-}CH{=}CH{-}CH_2$ $CH_3{-}CH_2{-}CH{=}CH{-}CH_2{-}CH{=}CH{-}CH_2{-}CH{=}CH$ 에이코사펜타인산(EPA) (탄소 수: 20 이중 결합 수: 5)
	$CH_3(CH_2)_{16}COOH$ 스테아린산	$HOOC{-}CH_2{-}CH_2{-}CH{=}CH{-}CH_2{-}CH{=}CH{-}CH_2{-}CH{=}CH$ $CH_3{-}CH_2{-}CH{=}CH{-}CH_2{-}CH{=}CH{-}CH_2{-}CH{=}CH{-}CH_2$ 도코사헥사엔산(DHA) (탄소 수: 22 이중 결합 수: 6)

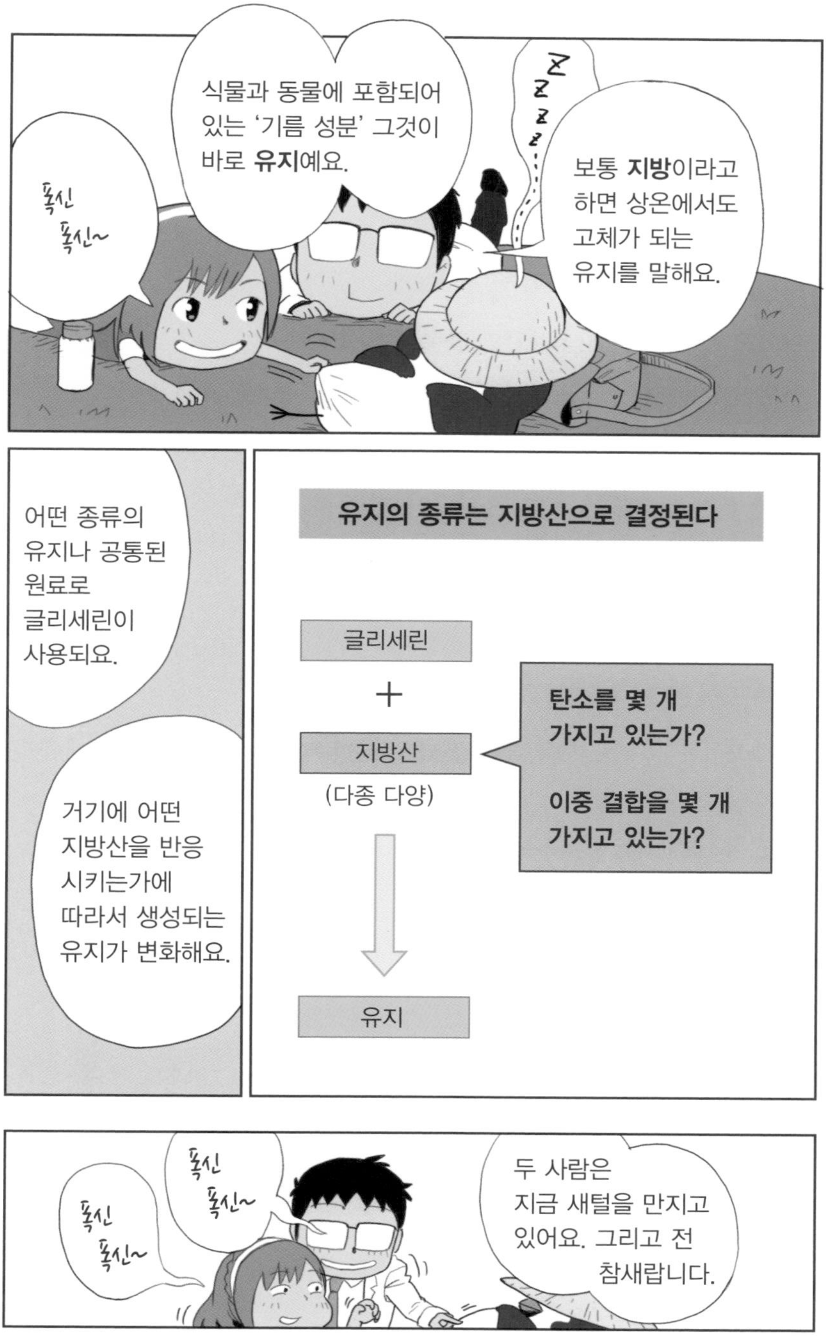
폭신 폭신~
식물과 동물에 포함되어 있는 '기름 성분' 그것이 바로 **유지**예요.
보통 **지방**이라고 하면 상온에서도 고체가 되는 유지를 말해요.
어떤 종류의 유지나 공통된 원료로 글리세린이 사용되요.
거기에 어떤 지방산을 반응 시키는가에 따라서 생성되는 유지가 변화해요.
유지의 종류는 지방산으로 결정된다
글리세린
+
지방산
(다종 다양)
유지
탄소를 몇 개 가지고 있는가?
이중 결합을 몇 개 가지고 있는가?
폭신 폭신~
폭신 폭신~
두 사람은 지금 새털을 만지고 있어요. 그리고 전 참새랍니다.

4 비누와 세포막의 공통점

● 막 상태로 모이는 분자

비누는 과거에는 유지와 재로 만들었습니다. 현재 비누는 지방산의 카복실기에 있는 수소가 소듐 혹은 포타슘으로 치환된 구조를 하고 있어요. 비누의 분자는 **양친매성 분자**의 전형적인 예에요.

양친매성 분자는 공업 제품과 생물체에도 보이는데 1분자 안에 물에 녹거나 섞이기 쉬운 **친수기**와 기름에 녹기 쉬운 **친유기**(소수기)가 존재해요.

양친매성 분자를 물에 녹이면 친수기는 물속에 들어가지만 친유기는 들어가지 않아요. 농도가 높으면 수면은 양친매성 분자로 덮혀요. 이 분자에서 생긴 막 같은 것이 분자막이에요.

● 분자막은 한 겹만이 아니다

분자막이 이중으로 이루어진 것을 이분자 막이라고 해요. 비누 등의 이분자 막으로 생긴 것이 비눗방울이에요.

한편 생물의 **세포막**은 인지질이라 불리는 지질의 이분자 막으로 이루어져 있어요. 세포막에는 당이나 단백질 등이 존재하는데 분자막에 끼어 있을 뿐 자유롭게 이동할 수 있어요. 그뿐만 아니라 분자막을 구성하는 분자 자신은 결합하지 않고 약한 힘으로 끌어당겨서 모여 있을 뿐이에요.

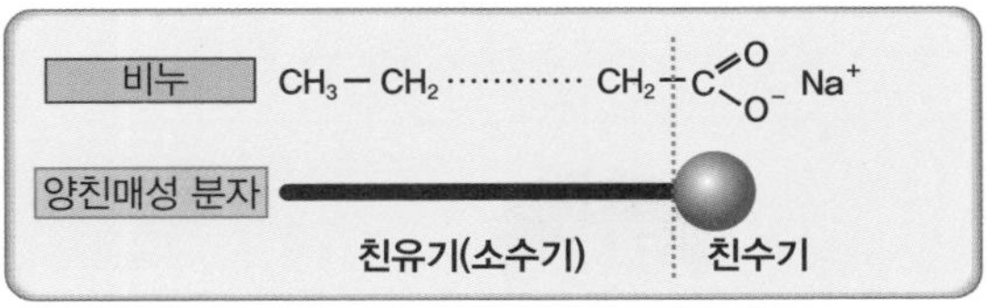

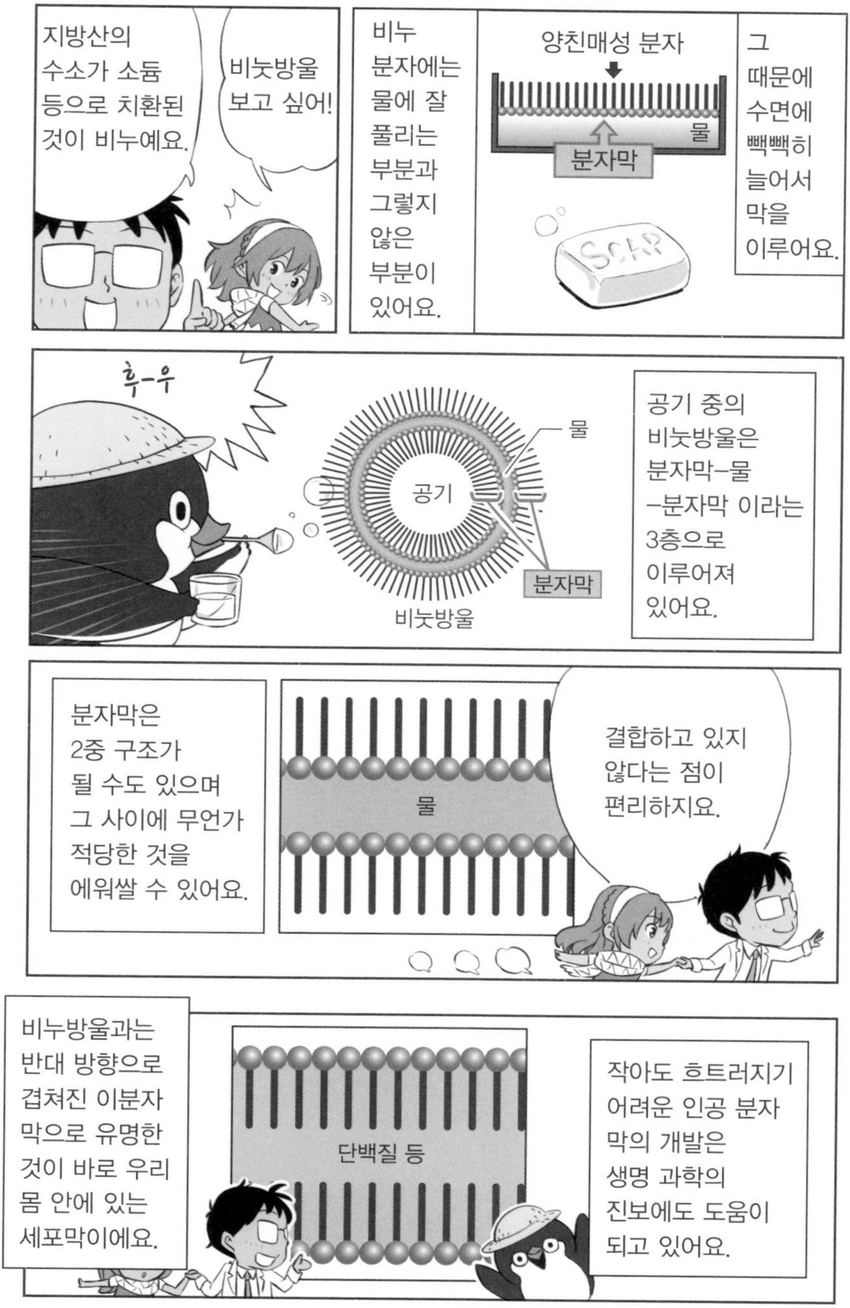
지방산의 수소가 소듐 등으로 치환된 것이 비누예요.
비눗방울 보고 싶어!
비누 분자에는 물에 잘 풀리는 부분과 그렇지 않은 부분이 있어요.
양친매성 분자
물
분자막
SOAP
그 때문에 수면에 빽빽히 늘어서 막을 이루어요.
후-우
물
공기
분자막
비눗방울
공기 중의 비눗방울은 분자막-물-분자막 이라는 3층으로 이루어져 있어요.
분자막은 2중 구조가 될 수도 있으며 그 사이에 무언가 적당한 것을 에워쌀 수 있어요.
물
결합하고 있지 않다는 점이 편리하지요.
비누방울과는 반대 방향으로 겹쳐진 이분자 막으로 유명한 것이 바로 우리 몸 안에 있는 세포막이에요.
단백질 등
작아도 흐트러지기 어려운 인공 분자 막의 개발은 생명 과학의 진보에도 도움이 되고 있어요.

5 비타민과 호르몬

● 비타민

비타민은 미량으로 생체 작용을 조절하는 물질인데 사람은 자신의 체내에서 만들 수 없기 때문에 식물로 섭취하지 않으면 안 돼요. 비타민은 유기 화합물이며 미네랄(무기질)과는 구별돼요. 또한 비타민은 영양소의 이름이며 물질 이름이 아니에요. 가령 비타민 B1은 티아민, 비타민 C는 아스코브산에 해당해요.

● 호르몬

호르몬도 미량으로 생체 기능을 조절하는 물질이에요. 특정 장기에서 생산되며 혈류를 타고 다른 장기로 운반되어 거기서 기능을 발휘해요. 화학적인 구조로 분류하면 아미노산으로 이루어진 펩타이드 호르몬이 대부분을 이루며 나머지는 스테로이드 호르몬, 아미노산 유도체 등이 있어요. 예를 들어 각종 성호르몬은 스테로이드 호르몬이며 아드레날린은 아미노산 유도체예요.

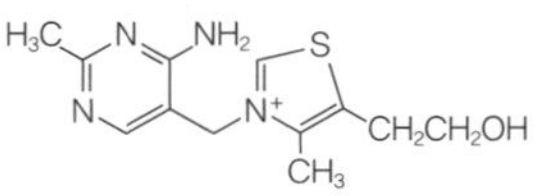

비타민 B_1
(티아민)

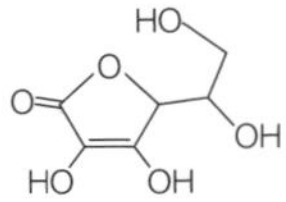

비타민 C
(아스코브산)

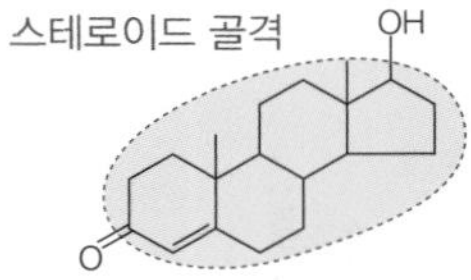

테스토스테론(남성 호르몬)

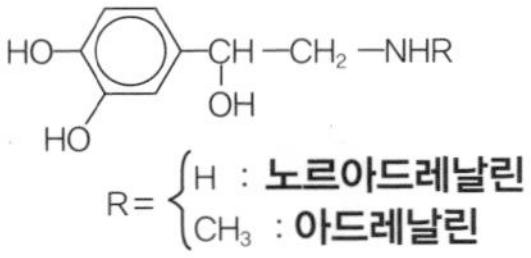

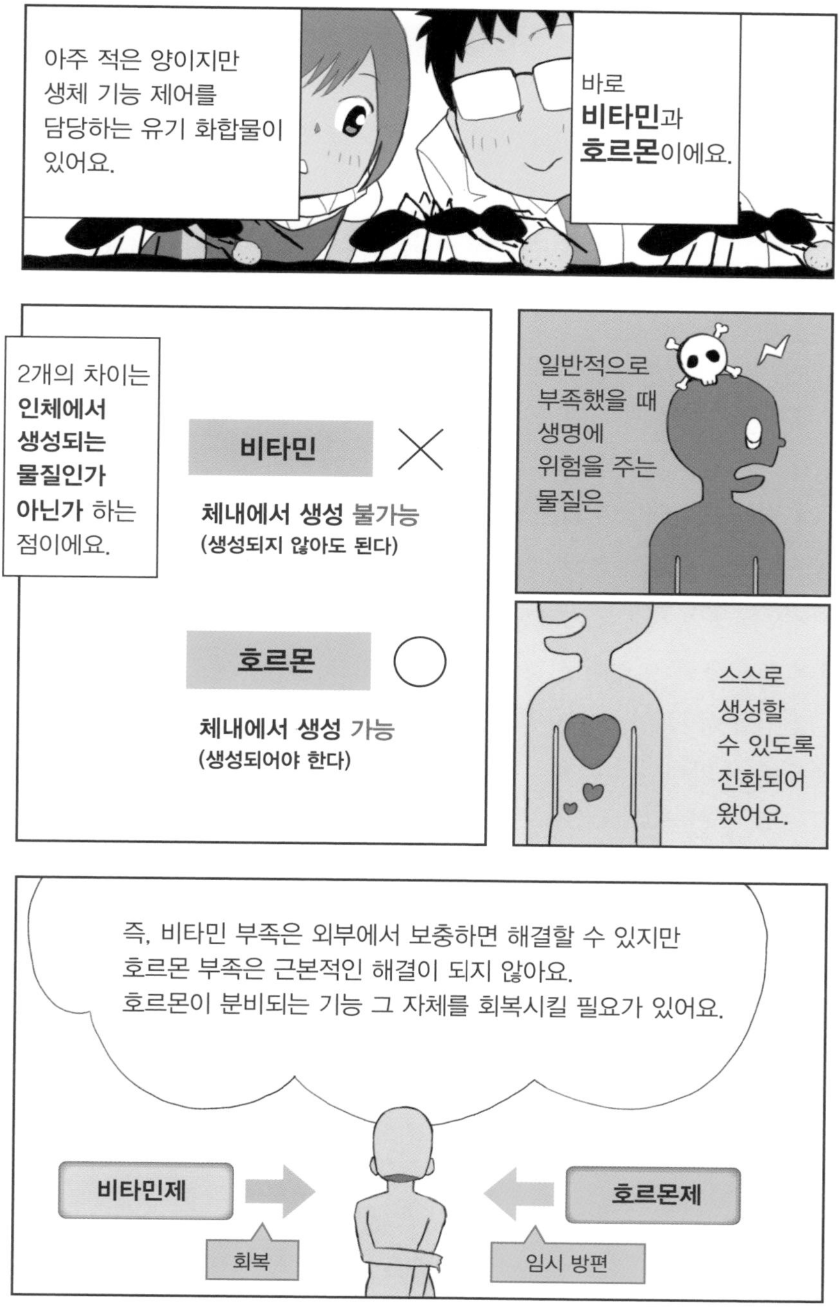

아주 적은 양이지만
생체 기능 제어를
담당하는 유기 화합물이
있어요.
바로
비타민과
호르몬이에요.
2개의 차이는
인체에서
생성되는
물질인가
아닌가 하는
점이에요.
비타민
체내에서 생성 불가능
(생성되지 않아도 된다)
호르몬
체내에서 생성 가능
(생성되어야 한다)
일반적으로
부족했을 때
생명에
위험을 주는
물질은
스스로
생성할
수 있도록
진화되어
왔어요.
즉, 비타민 부족은 외부에서 보충하면 해결할 수 있지만
호르몬 부족은 근본적인 해결이 되지 않아요.
호르몬이 분비되는 기능 그 자체를 회복시킬 필요가 있어요.
비타민제
회복
호르몬제
임시 방편

6 우리들을 조종하는? 신경 전달 물질

● **정보 릴레이의 담당자, 신경 세포**

우리들은 눈이나 귀 등의 감각기관에서 얻은 정보를 뇌로 전달해요. 뇌는 그 정보를 처리하여 근육에 명령을 내리고 적절한 행동을 취하게 해요. 이러한 정보 전달은 화학 반응에 의해서 이루어져요.

정보는 **신경 세포**를 통해서 전달되는데 뇌에서 근육까지의 사이에는 무수의 신경 세포가 연결되어 있어요.

● **릴레이의 배턴이 되는 물질**

각각의 신경 세포 중에는 정보가 전기 신호로 전달돼요. 하지만 신경 세포끼리는 전기 신호를 사용할 수 없어요. 그래서 정보를 전달하는 다른 수단이 필요해요. 이것이 **신경 전달 물질**이라고 불리는 유기 화합물이에요. 신경 전달 물질에는 여러 종류가 있으며 아세틸콜린이나 도파민, 세로토닌 등이 잘 알려져 있어요.

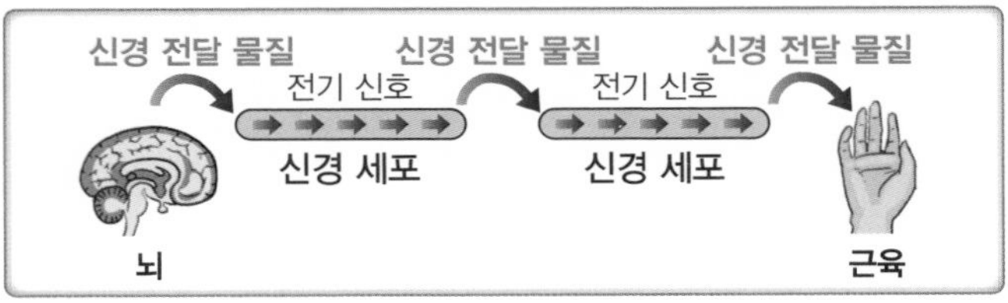

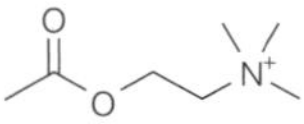

아세틸콜린

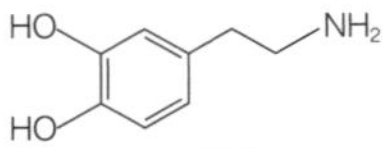

도파민

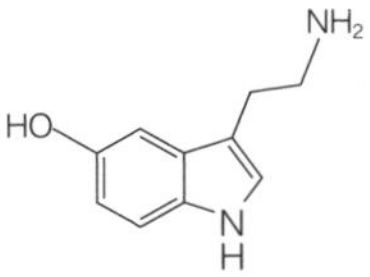

세로토닌

이렇게
몸을
움직이는 것도
유기 화합물 덕분이에요. 프린세스.
헉헉
안 움직이는데요?
사람의 신경 세포는 옆의 그림과 같은 모양을 하고 있으며 여러 개가 연결되어 전기 신호를 주고받아요.
수상 돌기
세포체
축색
신경 세포
시냅스에서의 정보 전달
서로의 신경 세포의 이음매 (시냅스)는 직접 이어져 있지 않아요.
전달 물질
신경 전달 물질을 분비하여 자극을 전달해요.
이 전달 물질이 바로 유기 화합물이에요. 이것이 없으면 근육을 움직이는 명령도 뇌에서 전달되지 않아요.
아이고~
선생님한테는 없어요?

7 몸의 근원이 되는 단백질

● 아미노산에서 생성

단백질하면 고기나 두부 등의 식품을 떠올릴텐데요. 실은 효소나 헤모글로빈도 단백질이에요. 단백질은 생명 활동의 중추를 담당해요.

이러한 단백질은 천연 고분자이며 구성단위는 약 20종류의 아미노산이에요. 아미노산에는 D형과 L형이라는 광학 이성질체(제2장 11)가 존재해요. 하지만 천연에 존재하는 아미노산은 거의가 L형이에요.

● 단백질의 1차 구조

2개의 아미노산이 아미노기와 카복실기 사이에서 탈수 축합하면 아마이드가 생겨요. 아미노산에서 생긴 아마이드를 특히 펩타이드, 그 결합을 펩타이드 결합이라고 해요.

펩타이드에 다른 아미노산이 펩타이드 결합하면 아미노산의 고분자, 폴리펩타이드가 돼요. 폴리펩타이드의 아미노산의 배열(결합 순서)를 단백질의 1차 구조라고 해요.

아미노산이 50개 이상 연결된 폴리펩타이드는 단백질이라 불리는 것이 많은데 예외도 있어요.

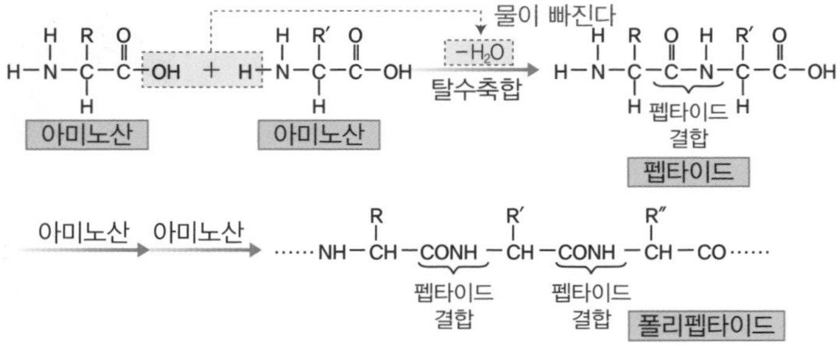

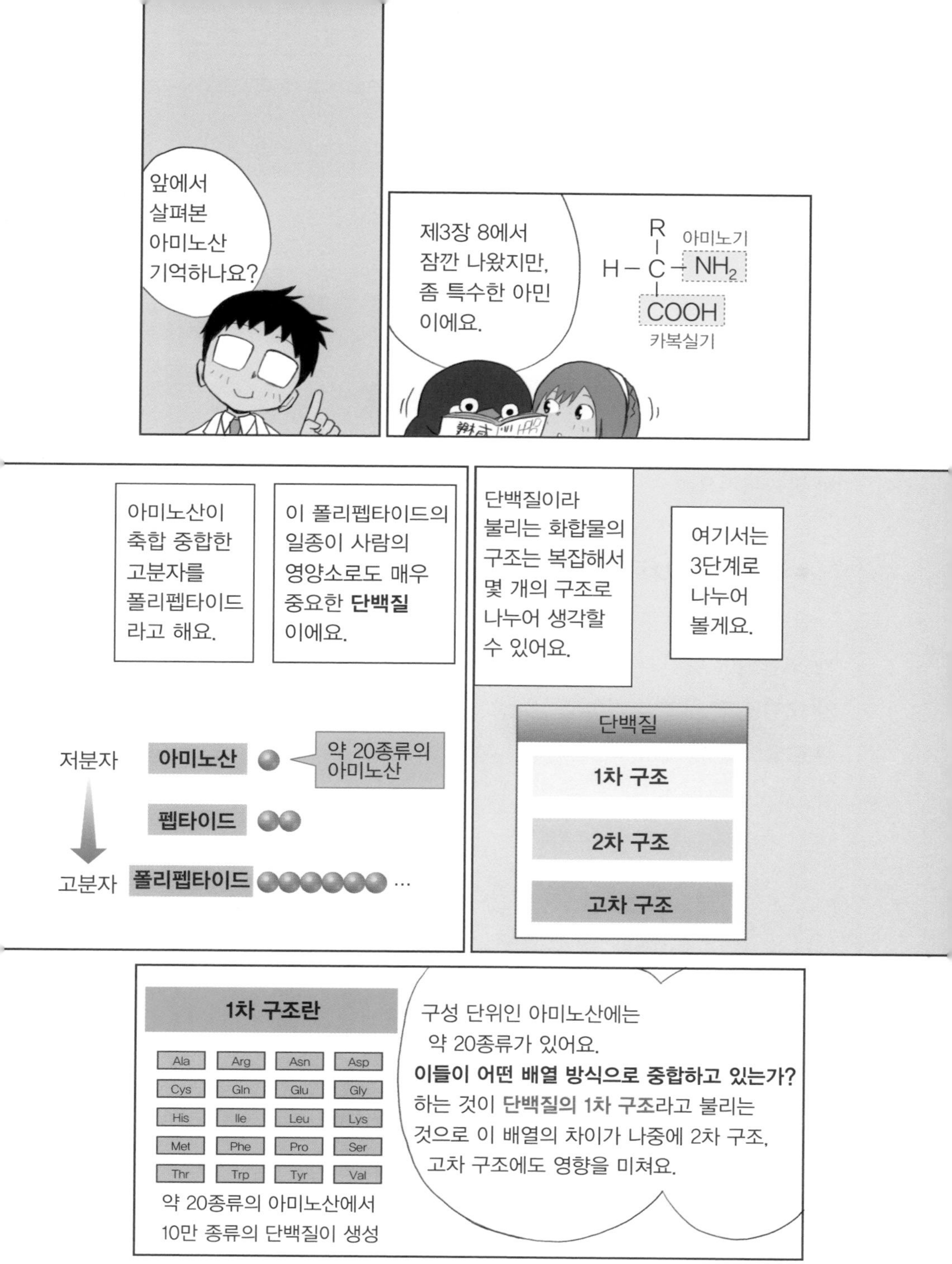
앞에서
살펴본
아미노산
기억하나요?
제3장 8에서
잠깐 나왔지만,
좀 특수한 아민
이에요.
R
H − C − NH2
COOH
아미노기
카복실기
아미노산이
축합 중합한
고분자를
폴리펩타이드
라고 해요.
이 폴리펩타이드의
일종이 사람의
영양소로도 매우
중요한 단백질
이에요.
저분자
아미노산
약 20종류의
아미노산
펩타이드
고분자
폴리펩타이드
단백질이라
불리는 화합물의
구조는 복잡해서
몇 개의 구조로
나누어 생각할
수 있어요.
여기서는
3단계로
나누어
볼게요.
단백질
1차 구조
2차 구조
고차 구조
1차 구조란
Ala Arg Asn Asp
Cys Gln Glu Gly
His Ile Leu Lys
Met Phe Pro Ser
Thr Trp Tyr Val
약 20종류의 아미노산에서
10만 종류의 단백질이 생성
구성 단위인 아미노산에는
약 20종류가 있어요.
이들이 어떤 배열 방식으로 중합하고 있는가?
하는 것이 단백질의 1차 구조라고 불리는
것으로 이 배열의 차이가 나중에 2차 구조,
고차 구조에도 영향을 미쳐요.

8 단백질의 입체 구조

● 1차 구조에서 2차 구조로

단백질은 복잡한 입체 구조를 가져요. 단백질의 1차 구조가 만드는 입체 구조를 **단백질의 2차 구조**라고 해요.

그 입체 구조를 구성하는 것은 나선 상태의 **α–나선 구조**와 주름 상태의 **β–병풍 구조**예요. β–병풍 구조는 폴리펩타이드 사슬이 반복적으로 꺾여서 만들어져요.

● 단백질의 고차 구조

단백질의 모식 구조를 아래 그림에 나타냈어요. 위의 2개의 부분 구조가 조합되어 있어요. 헤모글로빈은 이렇게 해서 생긴 단백질이 다시 4개가 모인 집단 구조를 취하고 있어요. 이와 같은 입체 구조를 **단백질의 고차 구조**라고 해요.

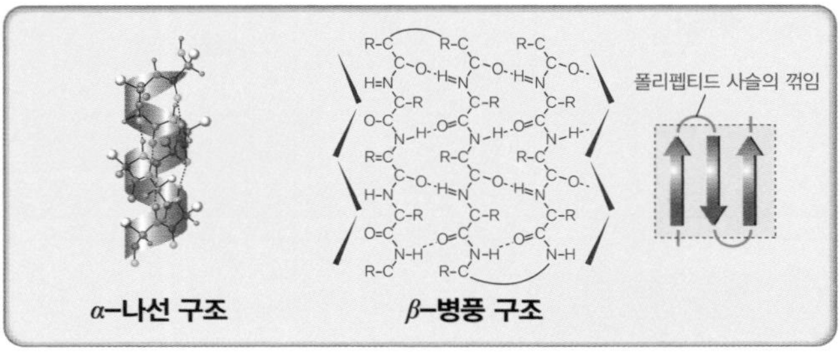

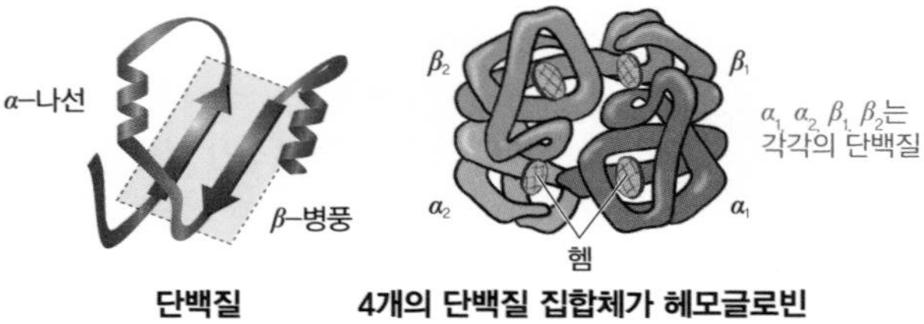

단백질　　4개의 단백질 집합체가 헤모글로빈

단백질의 1차 구조는
단순히 직선으로 연결된
평면 구조예요.
여기서 수소 결합이나 정전기적
인력에 의해서 분자가 접히면
입체 구조로 변해요.
이것이 **단백질의 2차 구조**예요.
2차 구조란
나선형
병풍형
어느 쪽이 되기 쉬운지는
1차 구조에 따른다

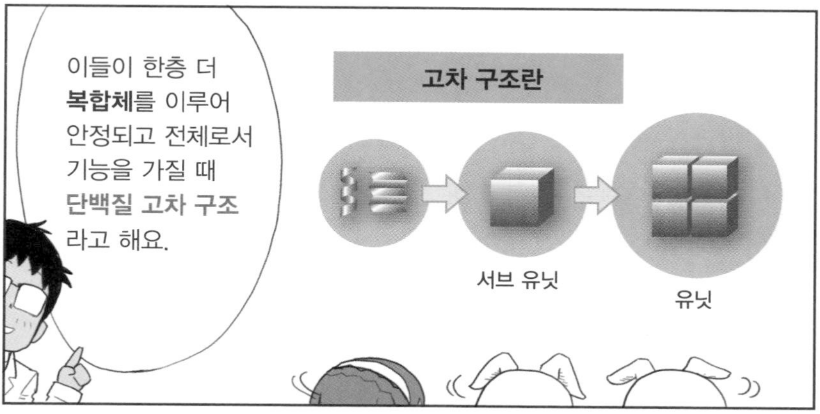
이들이 한층 더
복합체를 이루어
안정되고 전체로서
기능을 가질 때
단백질 고차 구조
라고 해요.
고차 구조란
서브 유닛
유닛

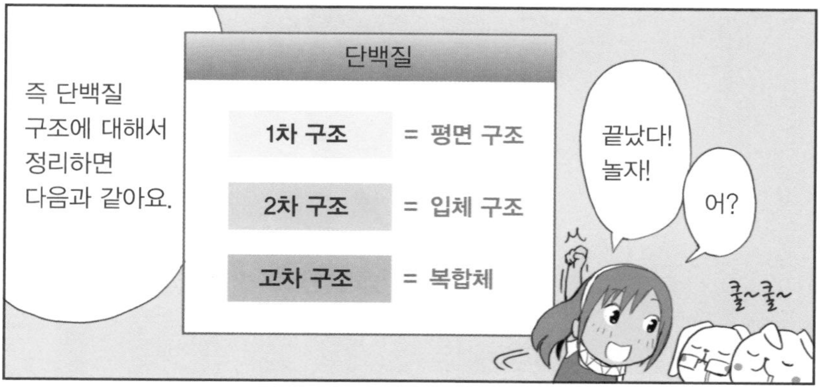
즉 단백질
구조에 대해서
정리하면
다음과 같아요.
단백질
1차 구조 = 평면 구조
2차 구조 = 입체 구조
고차 구조 = 복합체
끝났다!
놀자!
어?
쿨~쿨~

9 생물에 빼놓을 수 없는 DNA와 RNA

● DNA와 RNA

우리 몸은 수십조의 세포로 이루어져 있으며 그 대부분에 세포핵이라는 부분이 있어요. 세포핵에는 유전 정보를 갖는 DNA(데옥시리보핵산)와 유전 정보의 전달 및 이에 기초한 단백질의 합성을 담당하는 RNA(리보핵산)이라는 2종류의 핵산이 존재해요. 모두 천연 고분자예요.

● DNA의 구조

DNA의 구성단위는 **뉴클레오타이드**라 불리는 4종류가 있으며, 각각 A, G, C, T 의 기호가 붙여져 있어요. DNA는 뉴클레오타이드가 포함된 염기 이름의 머리글자예요. 즉 DNA는 A, G, C, T의 4문자로 유전 정보를 적은 지령서와 같은 거예요. 때문에 뉴클레오타이드에 나열된 순서가 중요해요. 이것을 DNA-1차 구조라고 해요.

DNA에는 2개의 긴 사슬과 같은 분자가 나선을 그리듯이 편성되어 있어요. 이 구조를 **이중 나선**이라고 해요. 이는 A-T, C-G 사이에 수소 결합이 생기기 때문이에요. 즉 DNA 2개의 사슬은 수소 결합으로 단단하게 결합하고 있다고 할 수 있어요.

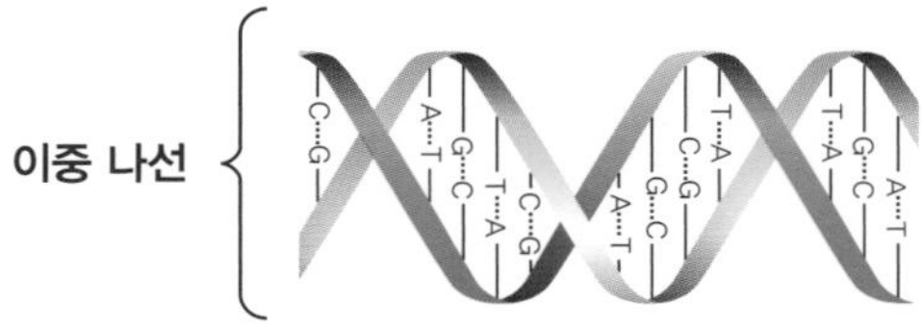

핵산도 역시 고분자로 **뉴클레오타이드**라는 물질을 구성 단위로 가지고 있어요. 말하자면 **DNA** 역시 핵산의 일종이에요.

뉴클레오타이드의 종류는 포함된 염기로 기호화한다.

염기	기호	DNA	RNA
아데닌	A	보유	보유
구아닌	G	보유	보유
사이토신	C	보유	보유
티민	T	보유	×
우라실	U	×	보유

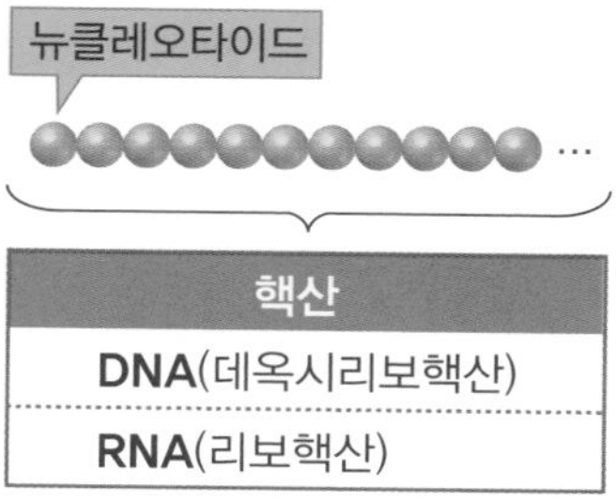

앞에서 살펴본 단백질의 생성도 근원을 찾다보면 핵산에 이르러요.

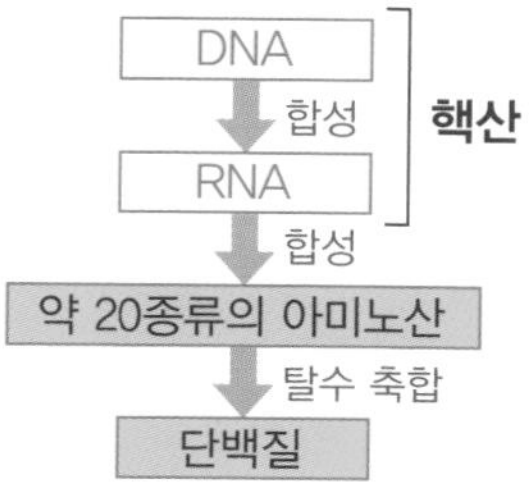

즉, DNA에서 합성된 **RNA**가 단백질의 구성단위인 아미노산을 합성하기 때문이에요.

⑩ DNA의 복제

● 이중 나선이 풀려서……

세포가 2개로 분열할 때에는 DNA의 이중 나선도 복제되어 2쌍의 이중 나선이 돼요.

즉, DNA의 이중 나선이 풀려서 2개의 사슬이 1개씩 사슬이 되어, 각각 다른 1개의 새롭게 생긴 사슬과 짜 맞추어져요.

● 뉴클레오타이드 반응

DNA가 복제되는 장소에는 많은 뉴클레오타이드가 있어요. DNA의 이중 나선은 끝에서 풀려서 가는데 거기의 뉴클레오타이드는 대응 상대가 없는 상태가 돼요.

여기에 각각 대응하는 뉴클레오타이드가 가까이 와서 차례차례로 결합하여 새로운 사슬을 만들어요. 이렇게 해서 원래의 이중 나선과 거의 똑같은 구조의 이중 나선이 2쌍 만들어져요.

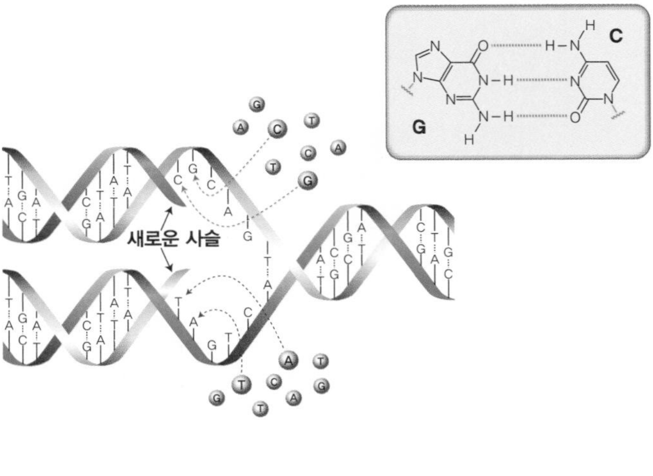

세포에 있는 DNA의 구조는 이중 나선이에요.
세포핵
세포
DNA
꼬물 꼬물
세포가 증가할 때 복제가 일어나요.
부비 부비
이중 나선을 풀어 2개의 DNA 분자 사슬로 되돌린다.
분리
그곳에 뉴클레오타이드가 끝에서부터 결합해 간다.
이어서 이중 나선이 모두 풀리면서 동시에 새롭게 2쌍의 DNA가 생긴다.
1
2
그러니까 DNA를 복제하는 포인트는
① 2개의 분자 사슬로 1쌍의 구조 ② 뉴클레오타이드의 수소 결합이에요.
흐음 … …
참고로 뉴클레오타이드의 수소 결합에는 지켜야할 규칙이 있어요. 꼭 정해진 상대와 함께 사슬을 만든다는 것을 기억하세요.
원래 사슬
결합
새로운 사슬
A ⟷ T
T ⟷ A
G ⟷ C
C ⟷ G
좋아!
집까지 달리기 시합하자!

11 RNA와 단백질

● RNA의 작용

DNA는 유전 정보가 적힌 지령서와 같다고 앞에서 설명했는데 단백질을 만들기 위한 설계도이기도 해요. RNA는 이 지령서를 토대로 단백질을 합성해요.

단백질 합성에 관여하는 RNA로서 잘 알려진 것이 전령 역할을 하는 mRNA(전령RNA)와 운반 역할을 하는 tRNA(전달RNA)예요.

● mRNA와 tRNA

RNA의 뉴클레오타이드는 A, G, C, U라 불리는 4종류예요. T대신에 U가 이용되는 것이 DNA와 달라요.

단백질의 합성은 크게 3가지 단계로 이루어져요. 처음에 DNA의 이중나선이 풀려서 그 부분을 주형으로 하여 염기 배열을 모방한 mRNA가 만들어져요. 이것을 **전사**라고 해요. 그 mRNA상에서는 A, G, C, U 중에서 3개를 사용하여 아미노산의 종류를 지정한 **코돈**(Codon)이 나열해요. 코돈은 64(=4^3)종류가 있으며 20종류의 아미노산을 나타내요.

다음에 mRNA는 세포핵 바깥으로 나아가요. 향하는 곳은 세포내의 리보솜이라고 불리는 부분이에요. 그곳에 아미노산을 운반해 온 tRNA가 가까이 와서 최종적으로는 코돈의 순서에 따라서 아미노산이 결합해 가요. 이 단계를 **번역**이라고 해요.

이처럼 1차 구조가 만들어지고 점차로 고차 구조가 되어 단백질이 되는 거예요.

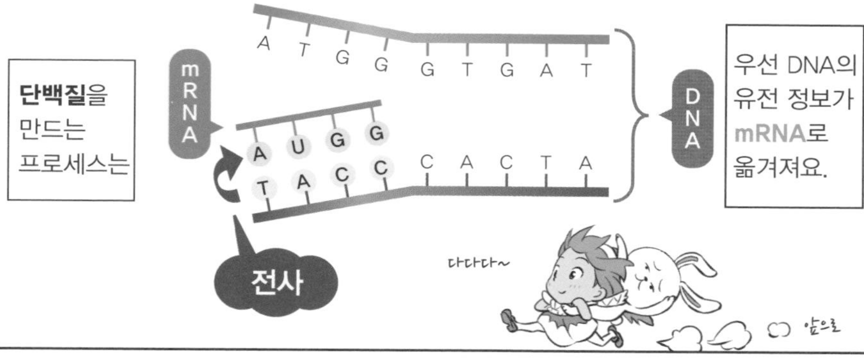

단백질을 만드는 프로세스는
mRNA
A T G G G T G A T
A U G G
T A C C C A C T A
DNA
우선 DNA의 유전 정보가 mRNA로 옮겨져요.
전사
다다다~

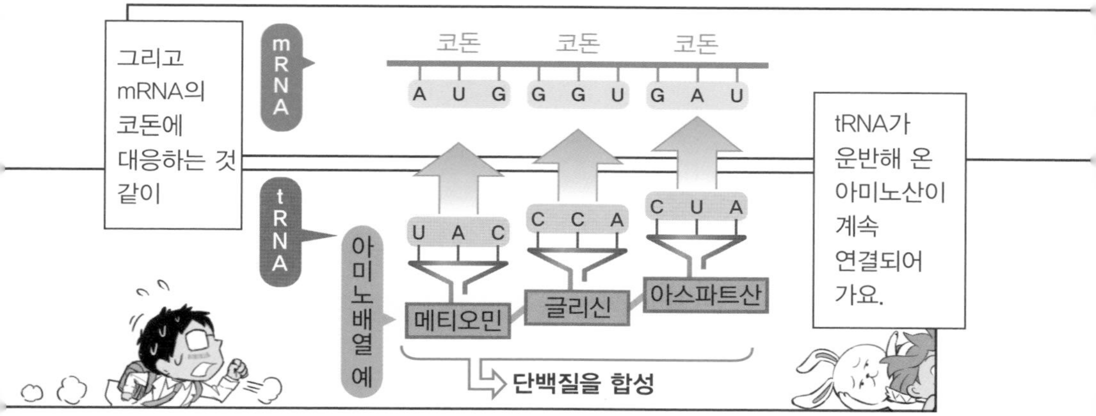

그리고 mRNA의 코돈에 대응하는 것 같이
mRNA
코돈 코돈 코돈
A U G G G U G A U
tRNA
U A C
C C A
C U A
아미노배열 예
메티오민
글리신
아스파트산
단백질을 합성
tRNA가 운반해 온 아미노산이 계속 연결되어 가요.

단백질의 설계도의 복사를 mRNA가 세포핵 바깥으로 가져와서, 공정이 진행돼요.
세포핵
세포
왜?! 달리기를...
숨차
숨차
숨차
숨차
도착!

Column

새로운 백신

백신을 발명한 사람은 영국의 의사 에드워드 제너예요. 당시 모두가 두려워하는 전염병으로 천연두가 있었는데 소의 질병인 우두에 걸린 경험이 있는 사람은 천연두에 잘 걸리지 않는다는 이야기가 있었어요. 그래서 제너는 1796년 건강한 아이에게 우두의 고름을 접종하여 천연두의 예방효과를 밝혔어요. 이것의 백신의 시작이에요.

이 발명 이후 다양한 백신이 개발되었어요. 사용된 것은 독성을 약화시킨 병원체(미생물 및 바이러스) 및 병원체의 사체 등이에요. 이들 백신은 생물학적으로 병원체를 배양하여 만들었어요.

그런데 2020년 코로나 19에 대하여 개발된 mRNA 백신은 달라요. mRNA는 앞에서 살펴본 것처럼 단백질 설계도의 복사와 같은 거예요. mRNA 백신에는 바이러스가 사람의 세포에 달라붙은 단서가 되는 스파이크 단백질(항원) 의 mRNA가 포함되어 있어요. 이것이 사람 몸에 들어가면 사람의 세포가 마음대로 스파이크 단백질을 만들어요. 그러면 이에 대한 항체가 생겨요.

이 백신이 유전자를 바꾸지는 않을까 걱정하는 목소리도 있었는데, mRNA는 DNA의 복사에 지나지 않아서 일정 시간이 지나면 분해해버리기 때문에 걱정할 필요가 없어요.

중요한 것은 mRNA 백신에는 화학 합성으로 만들어지는 공정이 많아서 짧은 시간에 대량으로 만들 수 있다는 거예요. 인류는 앞으로도 mRNA 백신의 도움을 받을 것 같아요.

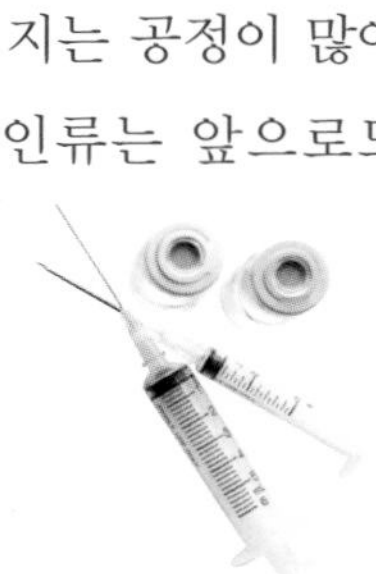

제 8 장

유기 화학과 SDGs

지금까지 인공적으로 만들어진 것과 자연계에 원래 있는 여러 가지 유기 화합물의 성질이나 구조에 대해 살펴보았어요. 끝으로 유기 화학적인 입장에서 지구 차원의 문제와 미래에 대해서 생각해 볼게요.

1 SDGs란?

SDGs란 Sustainable Development Goals(지속 가능 발전 목표)의 약자예요. SDGs의 끝자 s는 Goal의 복수형을 나타내므로 '에스 디 지 에스'가 아니라 '에스 디 지즈'라고 읽어요.

지속 가능 발전 목표(SDGs)는 유엔총회에서 2016년부터 2030년까지 달성하기로 결의한 의제로서 지속 가능 발전의 이념을 실현하기 위한 인류 공동의 17개 목표예요. 이름 그대로 17개의 주요 목표(Goals)로 구성되어 있어요. 아래 표를 참고해 주세요.

그리고 각각의 주요 목표에는 10개 정도의 구체적인 수치 목표와 이행 방법이 설정되어 있으며, 전부 169개의 세부 목표 및 지표로 구성되어 있어요.

한마디로 미래에 부담을 줄이고 현재를 충족시키기 위해 목표를 집대성한 것이에요. 목표들을 잘 보면 유기 화학이 이해를 도울 수 있고 목표 달성의 실마리가 될 만한 것이 있어요. 어떤 것들이 있는지 살펴볼게요.

SDGs의 17개 목표

목표1	모든 곳에서 모든 형태의 빈곤 종식 (No Poverty)
목표2	기아 종식, 식량 안보와 개선된 영양상태의 달성, 지속가능한 농업 강화 (Zero Hunger)
목표3	모든 연령층을 위한 건강한 삶 보장과 복지 증진 (Good Health and Well-Being)
목표4	모두를 위한 포용적이고 공평한 양질의 교육 보장 및 평생학습 기회 증진 (Quality Education)
목표5	성평등 달성과 모든 여성 및 여아의 권익신장 (Gender Equality)
목표6	모두를 위한 물과 위생의 이용 가능성과 지속 가능한 관리 보장 (Clean Water and Sanitation)
목표7	적정한 가격에 신뢰할 수 있고 지속가능한 현대적인 에너지에 대한 접근 보장 (Affordable and Clean Energy)
목표8	포용적이고 지속가능한 경제성장, 완전하고 생산적인 고용과 모두를 위한 양질의 일자리 증진 (Decent Work and Econimic Growth)
목표9	회복력 있는 사회기반시설 구축, 포용적이고 지속 가능한 산업화 증진과 혁신 도모(Industry, Innovation and Infrastructure)
목표10	국내 및 국가 간 불평등 감소 (Reduced Inequalities)
목표11	포용적이고 안전하며 회복력 있고 지속 가능한 도시와 주거지 조성 (Sustainable Cities and Communities)
목표12	지속 가능한 소비와 생산 양식의 보장 (Responsible Consumption and Production)
목표13	기후변화와 그로 인한 영향에 맞서기 위한 긴급 대응 (Climate Action)
목표14	지속가능발전을 위한 대양, 바다, 해양자원의 보전과 지속가능한 이용 (Life Below Water)
목표15	육상생태계의 지속가능한 보호 · 복원 · 증진, 숲의 지속가능한 관리, 사막화 방지, 토지황폐화의 중지와 회복, 생물다양성 손실 중단 (Life on Land)
목표16	지속가능발전을 위한 평화롭고 포용적인 사회 증진, 모두에게 정의를 보장, 모든 수준에서 효과적이며 책임감 있고 포용적인 제도 구축 (Peace, Justice and Strong Institutions)
목표17	이행수단 강화와 지속가능발전을 위한 글로벌 파트너십의 활성화 (Partnerships for the Goals)

전세계인이
환경과
사회를 파괴
하지 않고
경제 활동과
개발을 지속하기
위한 목표가
SDGs에요.
달그락
달그락

17개
목표에는
익숙한
것도
있어요.
1 빈곤층 감소와 사회안전망 강화
2 식량안보 및 지속가능한 농업 강화
3 건강하고 행복한 삶 보장
4 모두를 위한 양질의 교육
5 성평등 보장
6 건강하고 안전한 물관리
7 에너지의 친환경적 생산과 소비
8 좋은 일자리 확대와 경제성장
9 산업의 성장과 혁신 활성화 및 사회기반시설 구축
10 모든 종류의 불평등 해소
11 지속가능한 도시와 주거지 조성
12 지속가능한 생산과 소비
13 기후변화와 대응
14 해양생태계 보전
15 육상생태계 보전
16 평화·정의·포용
17 지구촌 협력 강화

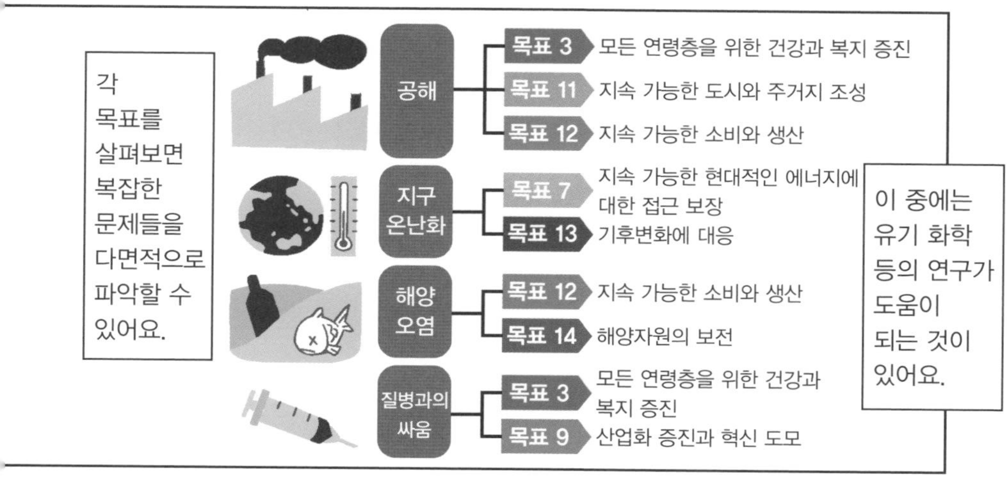
각
목표를
살펴보면
복잡한
문제들을
다면적으로
파악할 수
있어요.
공해
목표 3 모든 연령층을 위한 건강과 복지 증진
목표 11 지속 가능한 도시와 주거지 조성
목표 12 지속 가능한 소비와 생산
지구
온난화
목표 7 지속 가능한 현대적인 에너지에 대한 접근 보장
목표 13 기후변화에 대응
해양
오염
목표 12 지속 가능한 소비와 생산
목표 14 해양자원의 보전
질병과의
싸움
목표 3 모든 연령층을 위한 건강과 복지 증진
목표 9 산업화 증진과 혁신 도모
이 중에는
유기 화학
등의 연구가
도움이
되는 것이
있어요.

2 공해와 합성 화합물

모든 물질은 원자가 결합하여 생긴 것으로 우리 주변에 있는 물질은 모두 화학 물질이예요. 흔히 화학 물질이라고 하면 인간이 인위적으로 만들어 낸 합성 화합물을 떠올릴 때가 많은 것 같아요. 합성 화합물에는 많은 종류가 있으며 편리하고 유익해서 대량으로 만들어진 것도 적지 않아요.

PCB(폴리 염화 바이페닐)도 그 중 하나예요. 절연성이 높고 불에 타기 어려운 성질이 있어서 전기 기기의 절연유 등으로 대량으로 합성되어 사용되었어요. 그런데 1960년대에 일본에서는 식용유에 혼입되는 사고가 일어나 유해성이 드러났고 제조와 사용이 금지되었어요. 2001년부터 폐기 처리가 의무화되었지만, 아직 남아 있지 않은지에 대해서 2022년 현재도 오래된 공장이나 빌딩 소유자에게 주의를 권고하고 있어요.

PCB에는 209종류의 이성질체를 비롯하여 유사 화합물이 다수 존재하며 독성의 정도도 달라요. 특히 PCDD(폴리 염화 다이벤조-파라-다이옥신), PCDF(폴리 염화 다이벤조퓨란), Co-PCB(Coplaner Poly Chlorinated Biphenyl)등을 다이옥신류라고 하는데, 이 중에서 29종이 유독하다고 알려져 있어요. 다이옥신류는 현재 일본에서 감소하는 경향을 보이며 약 90%가 쓰레기 소각장에서 나온다고 알려져 있어요. 이유는 탄소와 산소, 수소, 염소가 함유된 물질을 태울 때 의도치 않게 나오기 때문이에요. 따라서 발생한 **다이옥신류**의 농도를 측정하고 배출을 억제하도록 법률로 규제하고 있어요.

이러한 공해 문제는 당장 해결되기가 어려우므로 이전부터 있던 것에 대해서도 계속 주시해야 해요.

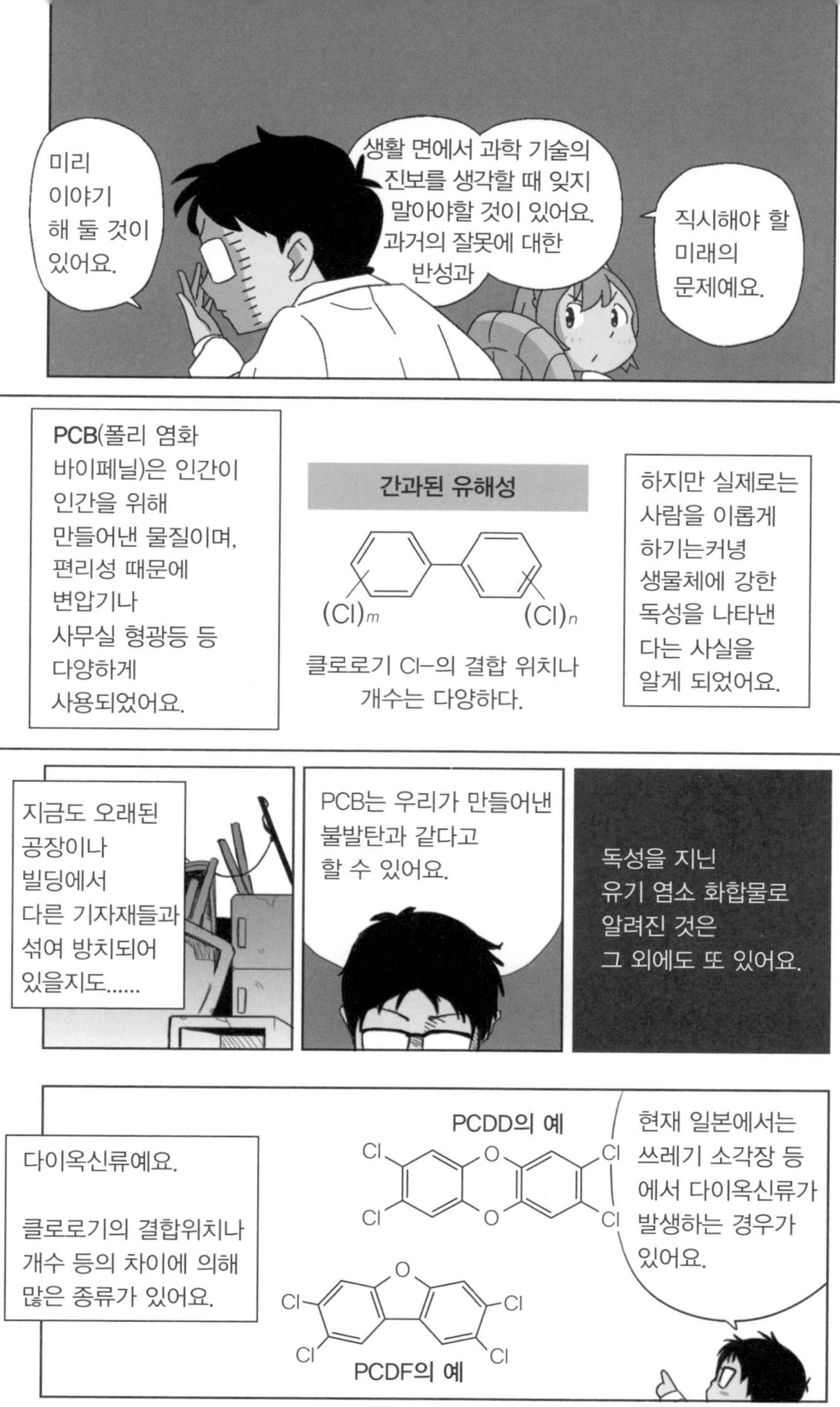
미리 이야기 해 둘 것이 있어요.
생활 면에서 과학 기술의 진보를 생각할 때 잊지 말아야할 것이 있어요. 과거의 잘못에 대한 반성과
직시해야 할 미래의 문제예요.
PCB(폴리 염화 바이페닐)은 인간이 인간을 위해 만들어낸 물질이며, 편리성 때문에 변압기나 사무실 형광등 등 다양하게 사용되었어요.
간과된 유해성
(Cl)m
(Cl)n
클로로기 Cl−의 결합 위치나 개수는 다양하다.
하지만 실제로는 사람을 이롭게 하기는커녕 생물체에 강한 독성을 나타낸다는 사실을 알게 되었어요.
지금도 오래된 공장이나 빌딩에서 다른 기자재들과 섞여 방치되어 있을지도......
PCB는 우리가 만들어낸 불발탄과 같다고 할 수 있어요.
독성을 지닌 유기 염소 화합물로 알려진 것은 그 외에도 또 있어요.
다이옥신류예요.
클로로기의 결합위치나 개수 등의 차이에 의해 많은 종류가 있어요.
PCDD의 예
Cl
O
PCDF의 예
현재 일본에서는 쓰레기 소각장 등에서 다이옥신류가 발생하는 경우가 있어요.

3 지구 온난화와 이산화 탄소

1980년대부터 **지구 온난화** 문제가 제기되었어요. 이대로 가면 과연 어떻게 될까요? IPCC에서 2021년에 조사한 바에 의하면 21세기 안에 지구의 온도가 19세기 후반과 비교했을 때 1.5도가 상승하고, 북극의 빙하가 거의 없어지게 될 것이며, 극단적인 해수면 상승과 이상 기온이 이어진다고 해요.

기온이 상승하는 이유는 여러 가지가 있겠지만 그중 하나는 이산화 탄소의 배출량이 너무 많아서예요. 주원인인 화석 연료의 연소로 얼마만큼의 이산화 탄소가 발생하는지 계산해 볼까요?

예를 들면 석유는 거의 탄화수소로 이루어져 있으므로 여기서는 분자식을 간략화하여 $(CH_2)_n$ 정도로 생각할게요. 이것이 연소되면 이산화 탄소 CO_2와 물 H_2O이 돼요.

$(CH_2)_n$의 **분자량**(분자 한 개의 질량을 나타내는 값. 탄소 C의 원자 1개의 질량을 12, 수소 H의 원자 1개의 질량을 1로 계산)은 $14n$이에요. 한편 CO_2의 분자량은 산소 O의 원자 1개의 질량이 16개이므로 44예요. 화학식에서 알 수 있듯이 $(CH_2)_n$의 분자 1개가 연소하면 n개의 CO_2가 발생해요. 분자량으로 봤을 때 $14n$의 석유가 $44n$의 CO_2가 된다는 계산이 나와요. 연소한 석유의 3배 이상의 무게를 갖는 CO_2가 발생하는 거예요. 14 kg의 석유를 태우면 44 kg의 CO_2가, 유조선 탱크에 실린 14만 톤의 석유를 태우면 44만 톤의 CO_2가 발생하고 말아요.

그래서 CO_2를 발생시키지 않고 발전할 수 있는 **재생 가능 에너지**와 함께 **탄소 재활용**이 주목받고 있어요. 이산화 탄소를 분리, 회수하고 모아서 플라스틱의 일종으로 만들거나 연료로 사용하는 등의 기술적인 장벽은 높지만, 일본은 2021년 현재 2030년부터의 보급을 목표로 하고 있어요.

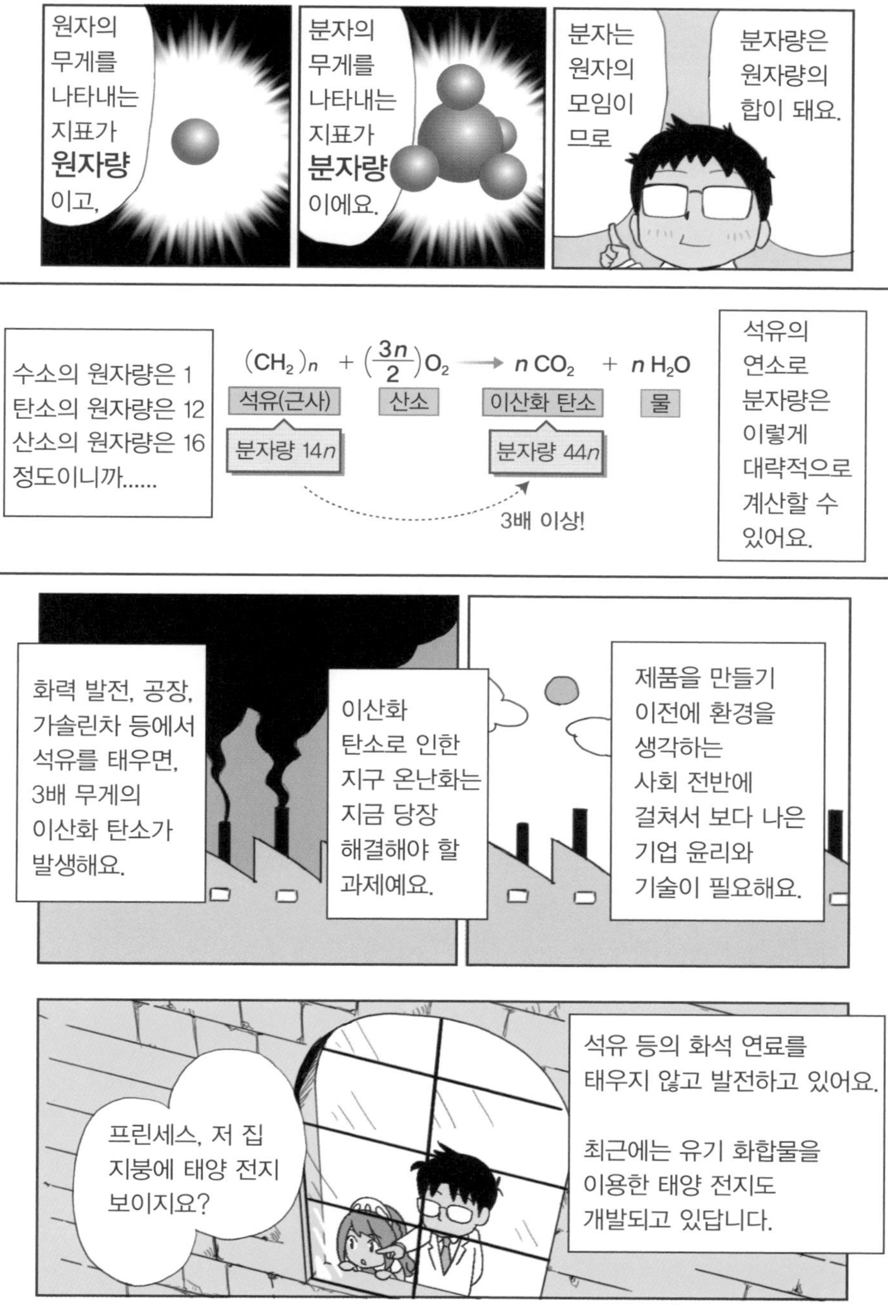
원자의 무게를 나타내는 지표가 **원자량**이고,
분자의 무게를 나타내는 지표가 **분자량**이에요.
분자는 원자의 모임이므로
분자량은 원자량의 합이 돼요.
수소의 원자량은 1
탄소의 원자량은 12
산소의 원자량은 16
정도이니까......
$(CH_2)_n + (\frac{3n}{2})O_2 \rightarrow n\,CO_2 + n\,H_2O$
석유(근사)
산소
이산화 탄소
물
분자량 14n
분자량 44n
3배 이상!
석유의 연소로 분자량은 이렇게 대략적으로 계산할 수 있어요.
화력 발전, 공장, 가솔린차 등에서 석유를 태우면, 3배 무게의 이산화 탄소가 발생해요.
이산화 탄소로 인한 지구 온난화는 지금 당장 해결해야 할 과제예요.
제품을 만들기 이전에 환경을 생각하는 사회 전반에 걸쳐서 보다 나은 기업 윤리와 기술이 필요해요.
프린세스, 저 집 지붕에 태양 전지 보이지요?
석유 등의 화석 연료를 태우지 않고 발전하고 있어요.
최근에는 유기 화합물을 이용한 태양 전지도 개발되고 있답니다.

4 해양 오염과 플라스틱

PCB와 같은 직접적인 유해성은 적지만 많은 사람이 대량으로 사용하고 버리면서 2004년 무렵부터 문제가 된 합성 화합물이 있어요. 바로 플라스틱이에요.

버려진 플라스틱은 결국 바다로 흘러 들어가고 자외선과 파도에 마모되면서 작게 부서져요. 한 변의 길이가 5 mm 이하가 된 것을 **미세 플라스틱**이라고 하는데, 한 변의 길이가 1000분의 1 mm 이하인 아주 작은 것도 있어요. 바닷속에서 플랑크톤 등에 먹혀서 먹이 사슬을 따라 이동하면서 결국 사람 몸속에 쌓일 우려가 있다는 주장이 있어요.

미세 플라스틱을 회수하기 위한 방법도 모색되고 있지만 가장 먼저 플라스틱 쓰레기를 줄여야 해요. 그러기 위해서는 우선 불필요한 플라스틱을 사용하지 않는 거예요.

두 번째는 리사이클을 철저히 해야 해요. 일본의 경우 페트병의 리사이클율은 88.5%(2020년도)인데, 소재를 잘게 부수어 성형할 뿐만 아니라 **케미컬 리사이클**이라고 하여 화학적으로 분해하여 재사용하는 것도 가능해졌어요. 이물질을 제거하는 수고가 줄고 다양한 제품으로 재생산되고 있어요.

세 번째는 생분해성 고분자(제6장 12 참조)를 이용하는 거예요. 이러한 비닐봉지나 빨대를 본 적 있을 거예요. **생분해성 플라스틱**은 자연 환경에 버려져도 미생물의 작용으로 물과 이산화 탄소로 분해되요. 여러 가지 종류가 개발되고 있으며 토양속뿐만 아니라 바닷속에서도 분해되는 것이 나왔어요. 강도가 낮아서 다른 원료를 함께 병용한 제품도 볼 수 있어요.

밖에 나가 볼까요? SDGs에 관한 힌트가 있을지도 모르겠어요.
싹~
편의점 짱 좋아! 편리해!
편리한 건 나도 알아요.
소프트 아이스크림 기계 말이죠?
아니 ……
생분해성 플라스틱 이야기예요.
자연계에서 분해되기 때문에 친환경 소재라고 할 수 있어요. 그 빨대도
특히 **해양 생분해성 플라스틱**이라고 해서 바닷속에서도 분해되는 소재가 주목받고 있어요.
식사 코너 6:00~22:00
Good!
심각한 해양 플라스틱 쓰레기 문제를 줄일 수 있을지도 몰라요.

5 질병과 의약품

SDGs의 커다란 목표 중의 하나가 질병 극복이에요. 세균이나 바이러스 등에 의한 감염증은 물론이고 그 외의 질병, 즉 만성 질환 등과도 싸울 필요가 있어요. 이를 위해서는 약이나 백신의 보급과 개발을 빼놓을 수 없어요. 의약품 대부분은 유기 화합물로 이루어져 있으며 유기 화학과 깊은 관련이 있는 분야예요.

그 역사는 오래되었는데 19세기 말에 개발된 **아세틸살리실산**은 아스피린이라는 이름으로 시판되어 120년이 지난 현재까지 미국에서만 1년에 800억 정이나 소비되고 있다고 해요.

페니실린으로 대표되는 항생 물질도 유기 화합물이에요. 지금은 항생제 없는 치료는 생각할 수 없을 정도예요. 페니실린이 발견된 것은 1928년이에요. 당시는 푸른곰팡이 배양액에서 추출했는데 20세기 후반부터는 완전히 화학적으로 합성한 것도 개발되었어요.

이러한 종래의 의약품은 **저분자 의약품**이라고 불리지만, 차세대형 의약품으로서 **항체 의약품**, **핵산 의약품**이 주목을 받고 있어요. 항체 의약품은 질병의 원인이 되는 물질에 대한 항체(단백질)를 유전자 변형 기술 등을 사용하여 만들어요. 핵산 의약품은 RNA에 대표되는 핵산을 투여하여 환자에게 필요한 단백질을 몸속에서 만들게 하는 역할을 해요.

암이나 에이즈 치료와 예방 등 폭넓은 분야에서 연구가 진행되고 있으며 코로나 팬데믹 상황에서 더욱 기대를 모으고 있어요. 코로나 바이러스 감염증 예방을 위한 mRNA 백신(7장 컬럼 참조), 치료를 위한 항체 의약품의 수액 등이 있어요.

페니실린
(분자량 334)
아세틸살리실산
(분자량 180)
우리 건강에 빼놓을 수 없는 의약품도 대부분 유기 화합물이에요.
대다수가 저분자 의약품이구요.
핵산이나 단백질보다도 훨씬 작아요.
약국
클리닉
핵산
항체
최근들어 핵산이나 항체를 사용한 의약품이 개발되고 있어요.
이 다음에 프린세스가 직접 이런 약을 만들지는 않더라도
세상에 어떤 문제가 있고 어떻게 대응하면 좋을지
생각할 수 있는 사람이 되면 좋겠어요.
우리는 살면서 항상 새로운 문제와 부딪히면서 앞으로 나아가고 있는지도 몰라요.
하지만 과학이 만들어낸 문제를 해결해 나가는 것 또한 과학이 해야할 일이라고 나는 생각해요.

프린세스,
다녀오셨어요?
산책은
즐거우셨나요?
예~에!
부모님을 만났어요
방금
연락을
받았는데
아버님과
어머님이
우주 시찰을
마치시고
무사히
돌아오고
계신답니다.
3년 만이네요
프린세스......
진짜
......
아버님
어머님
께서도
유기 화학을
아실까?
선생님은
어떻게
생각하세요?
끝

실험 1 펠링 반응과 은거울 반응

① 실험

알데하이드를 검출하는 실험으로 펠링 반응(Fehling reaction)과 은거울 반응이 있어요.

◆ 펠링 반응

황산구리(Ⅱ) $CuSO_4$를 포함한 푸른 수용액(펠링 액)에 무색의 아세트알데하이드를 첨가하면 붉은 침전물이 생성돼요.

◆ 은거울 반응

무색의 암모니아성 질산은 $AgNO_3$ 수용액에 아세트알데하이드를 첨가하면 시험관 안쪽 벽이 은색 거울이 돼요.

② 고찰

알데하이드는 산화되기 쉬우며 산화되어 카복실산이 돼요. 산화되기 쉽다는 것은 산소와 화합하기 쉽다는 것을 의미해요. 다시 말하면 상대에게서 산소를 뺏기 쉽고 상대를 환원시키기 쉬워져요. 즉 알데하이드는 환원성을 갖는 물질이며 환원제예요.

환원제란 전자적인 관점에서 보았을 때 상대에게 전자를 주는 물질이기도 해요. 따라서 $CuSO_4$의 구리(Ⅱ)이온 Cu^{2+} 는, 알데하이드에 의해 환원되어 전자를 받아 구리(Ⅰ)이온 Cu^{+} 이 되며 산화 구리(Ⅰ) Cu_2O의 붉은 침전이 돼요. 이것이 펠링 반응이에요.

한편, 질산의 Ag^{+}은 환원되어 금속 은Ag이 되며 용기 벽에 석출되어 거울이 돼요. 이것이 은거울 반응이에요.

이들 반응은 화합물의 환원성 유무를 판정하는 데 이용돼요. 환원성을 가지고 있으면 알데하이드의 가능성이 있어요.

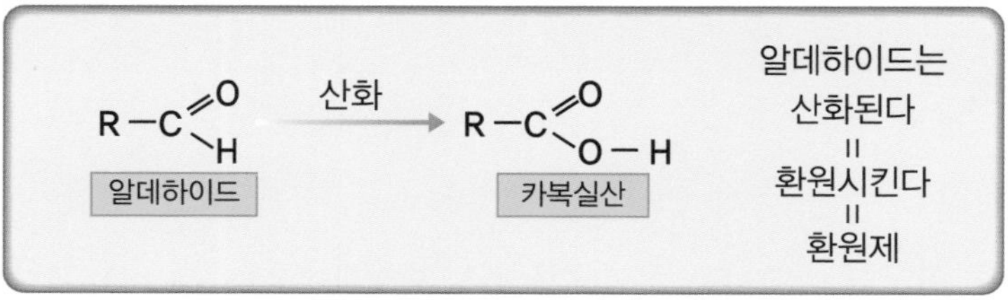
산화
알데하이드
카복실산
알데하이드는
산화된다
=
환원시킨다
=
환원제

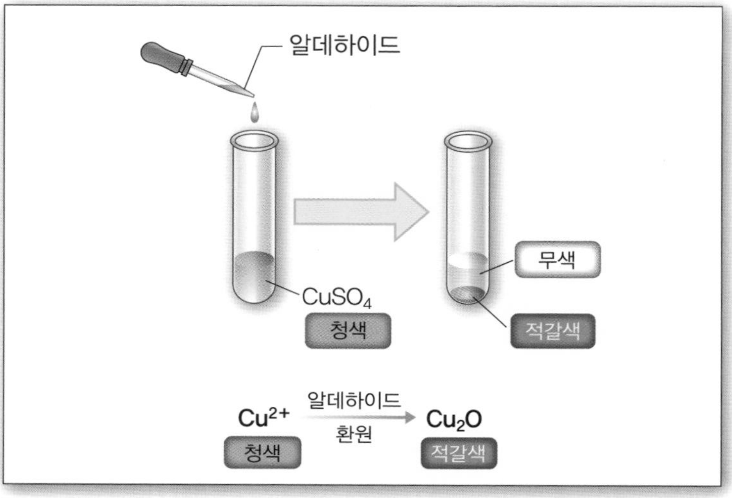
알데하이드
무색
$CuSO_4$
청색
적갈색
Cu^{2+}
알데하이드
환원
Cu_2O
청색
적갈색

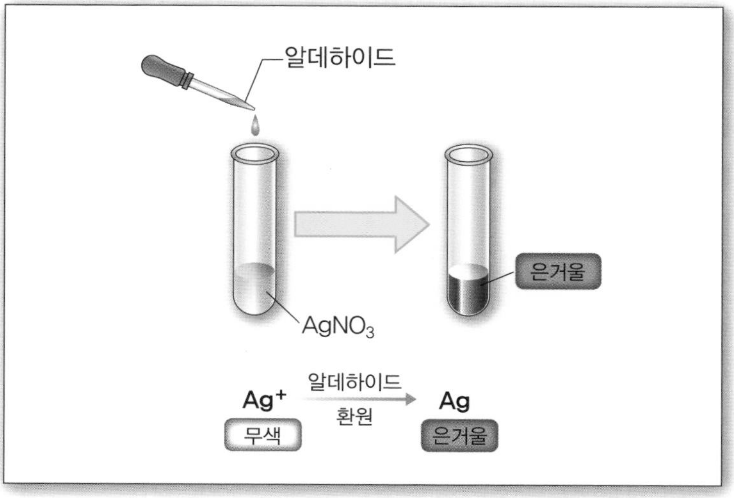
알데하이드
$AgNO_3$
은거울
Ag^+
알데하이드
환원
Ag
무색
은거울

실험 2 그리냐르 반응

그리냐르 반응이란 케톤 $R_2C=O$를 알코올 R_3COH로 변화시키는 반응이에요. 그리냐르 시약은 습기나 산소와 반응해요. 때문에 실제로는 냉각기, 시약 용액을 첨가하기 위해 점하할 때, 습도계를 설치한 삼구 플라스틱(115쪽 위 참조)을 데우면서 그 안에서 행해요.

① 그리냐르 시약의 조제

삼구 플라스크에 얇은 금속 마그네슘 리본을 잘게 자른 것과 건조 용매를 넣어요. 그리냐르 반응의 용매에는 에터나 THF를 자주 사용해요. 적하 깔때기에 염화물 ❶의 용액을 넣어서 방울로 떨어뜨리면 ❶과 마그네슘이 반응하여 그리냐르 시약 ❷가 생성돼요.

② 그리냐르 반응

비어 있는 적하 깔때기에 카보닐 화합물 ❸의 용액을 넣어서 방울로 떨어뜨려요. 그러면 생성된 그리냐르 시약 ❷와의 반응이 일어나서 중간체 ❹를 생성해요. 이 반응은 급격한 열이 발생할 수 있으므로 이때에는 오일 배스 대신 얼음 수조로 냉각시킬 수 있어요. 할로젠화물을 마지막으로 첨가하면 반응도 안정되는데, 이후 충분히 오일 배스로 가열하여 가열 환류를 해주어요.

③ 분해

다시 비어 있는 적하 깔때기에 물을 넣어 떨어뜨려요. 중간체 ❹가 물로 인해 분해되어 최종 생성물인 알코올 ❺를 생성해요. 이 반응은 급격한 열이 발생할 수 있으므로 처음에는 천천히 반응을 살피면서 물을 넣어야 해요.

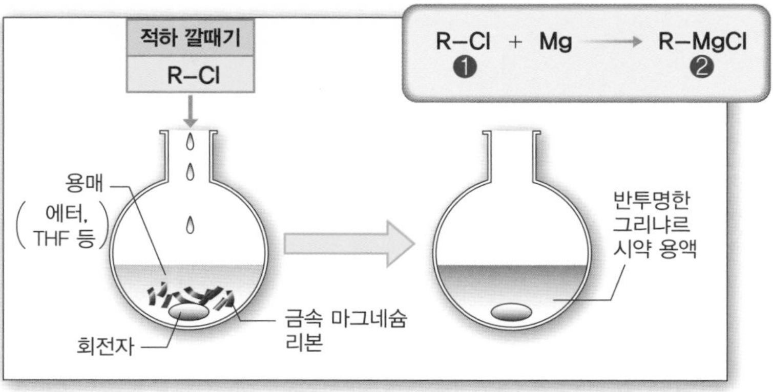

적하 깔때기
R–Cl
R–Cl + Mg → R–MgCl
❶
❷
용매
(에터, THF 등)
금속 마그네슘 리본
회전자
반투명한 그리냐르 시약 용액

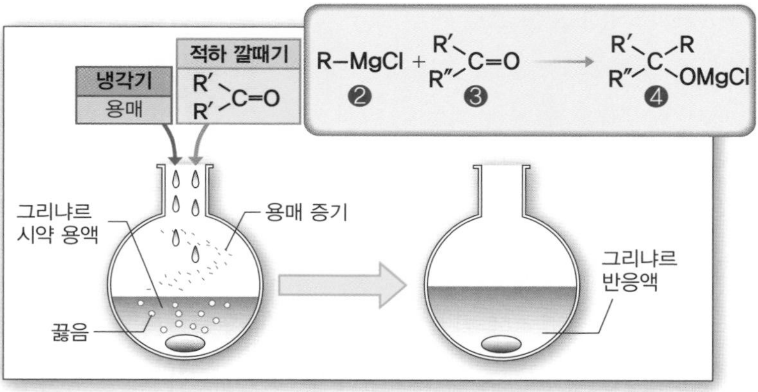

냉각기
용매
적하 깔때기
R′ R′ C=O
R–MgCl + R′ R″ C=O → R′ R″ C R OMgCl
❷
❸
❹
그리냐르 시약 용액
용매 증기
끓음
그리냐르 반응액

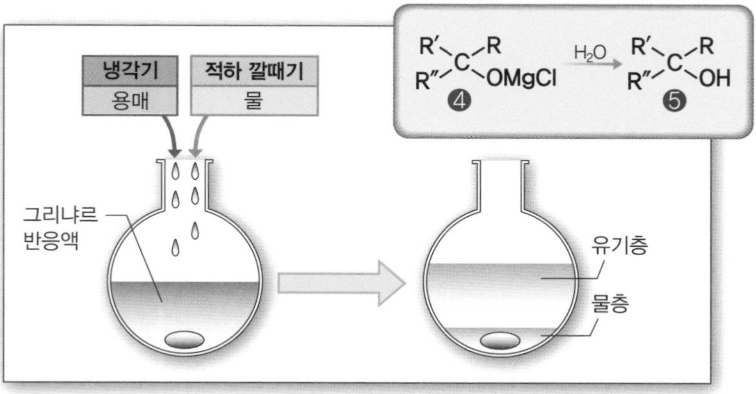

냉각기
용매
적하 깔때기
물
R′ R″ C R OMgCl
H2O
R′ R″ C R OH
❹
❺
그리냐르 반응액
유기층
물층

참고문헌

『ボルハルト・ショアー現代有機化学 第四版／上・下巻』 K.Peter C. Vollhardt, Neil E. Schore(著), 古賀憲司, 野依良治, 村橋俊一(訳), 化学同人, 2004.

『大学院　有機化学／上・中・下巻』 岩村秀, 中井武, 野依良治, 北川勲(編), 講談社, 1988.

『有機化学（化学入門コース）』 竹内敬人(著), 梅沢喜夫・大野公一(編), 岩波書店, 1998.

『有機化学』 奥山格, 丸善, 2008.

『構造有機化学-有機化学を新しく理解するためのエッセンス』 齋藤勝裕, 三共出版, 1999.

『絶対わかる有機化学』 齋藤勝裕, 講談社, 2003.

『絶対わかる高分子化学』 齋藤勝裕, 講談社, 2005.

『絶対わかる生命化学』 齋藤勝裕, 下村吉治, 講談社, 2007.

『絶対わかる有機化学の基礎知識』 齋藤勝裕, 講談社, 2005.

『目で見る機能性有機化学』 齋藤勝裕, 講談社, 2002.

『分子のはたらきがわかる10話』 齋藤勝裕, 岩波書店, 2008.

『毒と薬のひみつ』 齋藤勝裕, ソフトバンク クリエイティブ, 2008.

찾아보기

POST SCIENCE/04

가볍게 읽는

유기화학(개정판)

지은이 사이토 가쓰히로
옮긴이 공영태 · 나성은
펴낸이 조승식
펴낸곳 (주)도서출판 북스힐
등록 제22-457호(1998년 7월 28일)
주소 서울시 강북구 한천로 153길 17
전화 (02) 994-0071
팩스 (02) 994-0073
인스타그램 @bookshill_official
블로그 blog.naver.com/booksgogo
이메일 bookshill@bookshill.com

초판 1쇄 발행 2019년 7월 25일
초판 4쇄 발행 2022년 8월 20일
개정판 1쇄 발행 2023년 12월 10일

값 16,000원
ISBN 979-11-5971-500-6